U0319902

大 BIM 小 bim

（原著第二版）

建筑信息建模实用方法
——集成化实践的正确途径

BIM 经 典 译 丛

大 BIM 小 bim

（原著第二版）

［美］ 菲尼斯·E·杰尼根　著

程蓓　周梦杰　译

建筑信息建模实用方法——集成化实践的正确途径

中国建筑工业出版社

著作权合同登记图字：01-2015-3251 号

图书在版编目（CIP）数据

大 BIM 小 bim/（美）菲尼斯·E·杰尼根著；程蓓，周梦杰译．—北京：中国建筑工业出版社，2017.4
（BIM 经典译丛）
ISBN 978-7-112-20477-9

Ⅰ.①大…　Ⅱ.①菲…②程…③周…　Ⅲ.①建筑设计－计算机辅助设计－应用软件　Ⅳ.① TU201.4

中国版本图书馆 CIP 数据核字（2017）第 037080 号

丛书策划
修　龙　毛志兵　张志宏
咸大庆　董苏华　何玮珂

责任编辑：董苏华　何玮珂
责任校对：焦　乐　党　蕾

BIM 经典译丛
大 BIM 小 bim（原著第二版）
建筑信息建模实用方法
——集成化实践的正确途径
[美]菲尼斯·E·杰尼根　著
程　蓓　周梦杰　译
*
中国建筑工业出版社出版、发行（北京海淀三里河路9号）
各地新华书店、建筑书店经销
北京嘉泰利德公司制版
北京画中画印刷有限公司印刷
*
开本：787×1092毫米　1/16　印张：$12\frac{3}{4}$　字数：276千字
2017年4月第一版　2017年4月第一次印刷
定价：**68.00**元
ISBN 978-7-112-20477-9
（29969）

序

BIM 改变了我的工作，它把我的工作带入信息时代并使我成为更优秀的建筑师。

无论你是建筑师、工程师、业主、教师或是学生，《大 BIM 小 bim》将告诉你如何运用科技高效地开展工作，它会教给你一些久经考验的方法去使我们的世界变得更美好。

建筑信息建模（BIM）正在迅速广泛地应用于建筑实践中，甚至发展过于迅速了。许多项目使用 BIM 是迫于压力并没有计划性。这使得项目运作面临艰难的挑战和巨大的软件经费开支。

BIM 不是新生事物，一些公司已经使用 BIM 将近 20 年了。它可以为你节省更多的时间去做喜欢的事情，而让琐碎的工作由软件自动完成。本书会告诉你如何实现这一目标。

当你已经做好准备时，面对挑战就能从容应对。本书能帮助你在实践中将 BIM 运用自如，提升工作效率。

多数人已经熟悉了小 bim，而了解大 BIM 的人还很少。小 bim 可以让你做得更好，大 BIM 让你有更大的提升。本书会解释二者的不同。

BIM 中的"I"指的是信息（Information），机会和价值就存在于信息之中。大 BIM 提升可持续发展的能力。它把点连成线，加快信息流通并支持融合，从而与我们生存的世界相互作用。通过对知识和环境的整合，就能帮助企业获得效益。

建筑业是很复杂的，没有哪个软件产品能通过一个神奇的 BIM 按键解决所有的问题。只要将大 BIM 与小 bim 结合，就可以让你在这个复杂的行业中发现机会。随着你进入这个新领域，你会变得更加有价值。当然，挑战与机遇并存，能否善用工具应对挑战，这完全取决于你自己。

Kimon G. Onuma，美国建筑师学会资深会员

Onuma 公司董事长。1993 年开始使用 BIM

2007 年和 2008 年获得美国建筑师学会授予的"建筑实践技术大奖"（FIATECH CETI）

这本书对我有什么帮助？

你想提高工作效率吗？你想让客户满意吗？你想获得成功吗？

没问题，集成化实践可以提供最好的方法，把你想的变成现实。本书不是告诉你哪个软件更好用，也不是关于购买新的电脑系统，而是告诉你利用科技改变你的事业并让它为你服务的来龙去脉。

如果你是初学者……

如果你是新进员工、学生或创业者，本书能开阔你的眼界并发掘你的潜力。它会帮助你告诉别人有关集成化的重要意义。它会告诉你如何在形成建筑环境的复杂网络之中建立你的新事业，成为建筑业可持续发展的引领者。

如果你是设施用户或业主……

本书能拓展你的视野，使你明白所有建筑师都应当使用BIM。它会让你产生转变工作方式的想法，并从这个转变的过程中受益。

如果你的公司是小型企业……

本书提供的理论知识能帮助你的公司推进向集成化实践的转变，一步到位让你的公司提高效益扭亏为盈。

如果你的公司是中型企业……

7

本书会帮助你构建一个公司业务发展的框架。你不会再纠结于购买哪种应用软件，而是把注意力转向合理的业务规划，替换掉那些不能为业主提供可持续价值的部分。

如果你的公司是大型企业……

本书会用集成化实践的方法为你的业务提供支持，像路线图一样指导你的公司的发展过程。

如果你是建造师或承包商……

本书将向你展现一些建筑师已经了解 BIM。通过一些专业组织，你可能听说过关于虚拟设计和专业集成化建造和一些成功的建造案例。本书会总结建筑师如何能够胜任这些工作，它会让你开始思考如何用集成化实践让业主满意并获得更多的经济效益。

如果你是工程师……

本书会告诉你为什么业主和建筑师认为 BIM 是必需的，它会让你深入理解 BIM 的优势。你也会加入使用它的行列。

什么是大 BIM、小 bim？

如今，BIM 正在被更有效地应用。BIM 的作用是提高我们工作的效率和可持续性。BIM 是有益处的，它在帮助我们创造更好业绩的同时减少错误和风险。BIM 并不是软件，它是人们对科技的思考和运用，是一种全新的工作方式。本书将带你领略其中的奥妙。

让我们从一个简短的概述开始：

……小 bim 就像是互联网没出现之前（大约在 1987 年）的计算机处理技术。那时网络（局域网）还没有广泛应用。

用税务软件作为一个例子，你想要进行纳税申报单的准备和计算工作，这完全依赖于安装在电脑上的软件。你不知道这些软件的数据库是不是最新的，甚至不知道有数据库的存在，只能不断地安装供应商提供的新版软件。你和会计师通过人工方式传递和共享文件，你需要把纳税申报单打印出来并通过邮局进行投递。

在设计和施工过程中使用 Revit、Archicad、Bentley 等程序代替 AutoCad。你在得到工作成果的同时还可以大幅提升项目的内在品质。在这种模式下，bim 只是常规的计算机辅助制图工具。你建立项目模型，或者运行模拟软件，但都是在本机上运行的。唯一的好处是你能得到 3D 视图的 CAD 所带来的所有好处。通过这种方式，大多数人开始熟悉虚拟建筑并认为这就是 BIM。人们只关心他们应该使用什么软件。

……大约到了 1996 年，小 bim 就像是一种能够接入本地网络的计算机处理技术，并开始 向全面连接互联网过渡。

把税务软件的例子更进一步，你现在总结了近几年的税务数据，并把税务表和会计师共享以便更好地检查数据。你可以打印纳税申报单并通过邮局投递或尝试使用电子文档。

现在，你可以在设计和施工过程中做更广泛的合作，你可以在一个更大的环境中共享信息。数据仍然是来自网络的一个包裹，但其中包含着更加集中的信息，并且这些信息能在你与合作伙伴之间自由共享。你的工作仍然与这些嵌入数据的软件密切相关。如果你是建筑师并且与你合作的工程师们在同一个网络中，你就能够快速准确地查找错误、计算成本和模拟施工过程。通过一个又一个项目的不断历练，你会因此受益良多，但这仍然限于项目内部。这种模式是现阶段人们所理解并追求的 BIM。在这种模式下，人们不只是关注他们应该使用什么软件并开始意识到他们需要改变工作方式。

大 BIM 就像是完全融入网络的个人电脑，它与互联网充分集成成为 Web3.0 工具。

现在可以完成税务软件的例子了。你的税务信息保存在由第三方管理的一个中央数据库中，你可以随时随地进行访问。国会通过的新法规会被快速地整合到系统之中，你可以实时掌握最新动态。当你输入的信息不符合法律法规时系统会迅速予以提示。与中央存储库集成的系统会根据不同的需要对你添加的信息进行标准化流程验证。

11   在设计和施工的背景下，你的工作是全球化的，你不再是与世隔绝的孤军奋战了。你可以集成来自世界各地的数据，了解自己在全球的大环境下做了些什么。你的设计理念不再局限于周围的建筑环境。客户的业务需求直接影响你的设计。现在你知道设计决策如何影响设计师，建造师和业主的底线。你知道你采取的措施会对环境和其他资源造成的影响。你的设计成果变得更加准确，经得起重复检验，因为你依靠的是真实世界的信息，而不是假设、猜测或其他人的观点。你设定自己的工作准则，高效地利用时间排除那些缺乏可行性的任务。

数据和信息是至关重要的。大 BIM 能存储你的数据并形成中央资料库。资料库会把不同的信息联系在一起。不同于一个建筑物或一条道路或其他任何个人的事情，资料库中的数据是共享的、可相互操作的、随时间增长并包含一事物的一种资产。数据是非常宝贵的。你可以使用一个几乎没有限制的工具集创建或操作数据。它是真正可持续的，让我们的世界变成一个更好的、更高效的居住、工作和娱乐的空间。从 Google Earth™ 到电子表格再到建模软件，任何想要与世界相互沟通的人都可以使用它们。

这是真正的民主。

警告和免责声明

我们编写本书的目的是指导信息建模和集成化实践。本书不提供法律、保险或会计方面的服务，请读者谅解。如果你需要法律援助或其他专业帮助，请寻求专业人士的服务。

本书并不能提供关于建筑信息模型的所有信息，而是对其他相关书籍的补充和加强。我们强烈建议你去阅读所有可用的材料，尽可能多地了解集成化实践和BIM，寻找适合自身需求的相关信息。更多详细信息，请参见附录。

我们已经尽可能让本书内容完整和准确。但是，仍然可能存在排版和内容上的错误。此外，这本书包含的BIM和集成化实践的信息的时效仅限于当前的发布日期。本书的目的是教育和娱乐。本书中引用内容的知识产权归原作者所有。我们不接受任何因为个别引用的版权问题而进行的索赔。我们不以任何方式暗示被引用者认可或批准我们的概念。据我们所知，本书中的所有引用均属于公共领域的合理使用并符合美国版权法的指导方针。对本书中包含的信息可能会直接或间接地造成的任何损失或损害，本书作者和出版商不承担义务和责任。

如果你不接受上述条款可以退还此书，我们将全额退款。

致谢

谨以此书纪念 Paul Kratzer。每个人的一生中都应该有一位像他这样的朋友。他古怪的风格和现学现用的营销方式启发了我们所有人。他致力于简化 BIM，用更加简洁明了的方式帮助我们得到需要的知识。

为本书编写提供帮助的包括联邦政府机构、美国建筑师学会、委托人、图书馆、公共机构和许多个人。我并不想列举所有的单位和个人，因为这样做会占用过多的篇幅。但是，我要感谢以下几位对本书有特殊贡献的人，是他们的帮助、建议和反馈才使得本书顺利完成。

特别感谢 W.Frank Brady，最好的网站管理者。如果没有他全力以赴的为我分担工作，我就不会有时间编写本书。

市政工程主管 Hal Adkins；马里兰州大洋城专业工程师（PE）、城市工程师 Terry McGean；马里兰州索尔兹伯里市副消防队长 WilliamGordy；马里兰州加罗林县休闲公园主管 Sue Simmons。他们是第一批参与实践的客户。没有他们的配合，本书不会顺利完成。

Douglas Aldinger，宾夕法尼亚州哈里斯堡 Erolman Anthony 工程专业工程师（PE）；Paul Adams，美国建筑师学会会员，丹佛市 Earth & Sky 建筑事务所；David Wigodner，美国建筑师学会会员，伊利诺伊州诺斯布鲁克市 Interwork 建筑事务所；马里兰州索尔兹伯里市的 Ginie Lynch；Jack K.Rogers，美国建筑师学会会员，特拉华州达格斯伯勒 。上述人士为本书编写提供帮助和反馈。

Hugh Livingston，I.D.E.A.S 公司董事长，马里兰州索尔兹伯里市；Heikki Kulusjarvi，芬兰赫尔辛基 Solibri 公司董事长；Dianne Davis，巴尔的摩 AEC Infosystems 公司董事长；Nina McKenzie，美国建筑师学会会员，圣迭戈 Arch Street 软件公司。他们的系统从一开始就为我们处理数据。马里兰州罗克维尔的 SPN 施工经理 Chip Veise 和 Nelson Young，没有他们本书不会顺利完成。

Chester Ross 劝我要不断紧跟时代的脚步。这一点我始终牢记在心。

感谢 Mike Lokey 一如既往的建议和理解，感谢老朋友 Fay Smack 的努力工作。感谢我父母的建议和鼓励。

特别感谢我的儿子 Finith Ⅲ 和 Devin。他们在出生之前就开始忍受 BIM。

此外，我要特别感谢我的夫人 Beth。没有她的支持我不可能完成这本书。

编著者简介

集成化未来章节的大部分内容由美国建筑师学会会员，密尔沃基市的 Kevin Connolly 帮助编写。他是 Connolly 建筑公司董事长，Triglyph 建筑设计组织的创始人。Triglyph 是第一个旨在利用 BIM 环境提升建筑师能力的协作组织。

决策支持系统章节的大部分内容由美国建筑师学会资深会员，Onuma 公司董事长，帕萨迪纳市的 Kiman Onuma 帮助编写。他是 BIM 领域的精神领袖。他提出项目基因组的概念，组织项目应用 BIM 技术，为我们理解这个复杂的过程提供了许多帮助。他的 BIMStorms 行动提供了数百个机会来使用大 BIM 的概念进行工作。他凭借美国海岸警卫队的 BIM 项目而赢得了 2007 年美国建筑师学会颁发的 BIM 大奖和建筑实践技术大奖。大西洋设计公司的这两个项目都是与 Onuma 公司合作完成的。

亨廷顿的 Stone 咨询公司董事长 James Hyslop，帮助编写了编制基础方案章节。Stone 咨询公司专门研究通过环境设计预防犯罪保证安全。他们与 Onuma 公司一起开创了 BIM 的繁荣。

Michael Bordenaro，BIM 教育合作社共同创始人，帮助人们学习如何提高效率的卓越的记者，是他促成了《大 BIM 小 bim》的重版。

目 录

序 ……………………………………………………………………………… v

这本书对我有什么帮助? ………………………………………………… vi

什么是大 BIM、小 bim? …………………………………………………… ix

警告和免责声明 …………………………………………………………… xi

致谢 ………………………………………………………………………… xiii

编著者简介 ………………………………………………………………… xv

第一部分　你准备好面对改变了吗? …………………………………… 1

　第 1 章　设想未来 ……………………………………………………… 3

　第 2 章　BIM 之路将通向何方 ………………………………………… 9

第二部分　成功的框架 …………………………………………………… 23

　第 3 章　集成的四个阶段 ……………………………………………… 25

　　初始阶段 ………………………………………………………………… 31

　　设计阶段 ………………………………………………………………… 35

　　施工阶段 ………………………………………………………………… 38

　　运营阶段 ………………………………………………………………… 39

　第 4 章　规划你的未来 ………………………………………………… 41

　第 5 章　指引你的七个步骤 …………………………………………… 49

第三部分　日常流程 ……………………………………………………… 69

　第 6 章　把确定性牢记在心 …………………………………………… 71

　　确认阶段 ………………………………………………………………… 75

　　设计原始模型 …………………………………………………………… 87

　　建造原型阶段 …………………………………………………………… 93

　　采购阶段 ………………………………………………………………… 94

　　施工阶段 ………………………………………………………………… 95

运营与维护 ·· 97

第 7 章 公司 ··· 99

第 8 章 人员 ··· 103

第 9 章 时间 ··· 107

第 10 章 效益 ··· 111

第 11 章 注意事项 ·· 115

第四部分 论证集成化办公 ··· 127

第 12 章 消防总部和第 16 站 ····································· 129

第 13 章 首都改造规划 ·· 137

第 14 章 德玛瓦半岛儿童剧场 ···································· 145

第 15 章 军械库社区活动中心 ···································· 151

第 16 章 风暴将至 ·· 159

第 17 章 总结 ··· 165

附录 ··· 169

参考文献 ·· 170

推荐网站 ·· 174

工具包 ··· 176

商标和来源 ·· 178

术语和定义 ·· 179

作者简介 ·· 183

读者评价 ·· 184

第一部分

你准备好面对改变了吗？

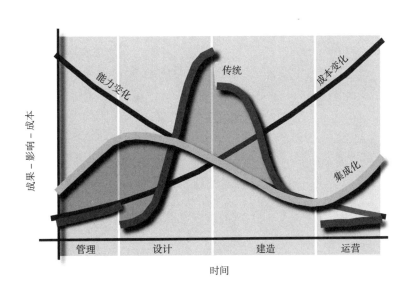

第 1 章

设想未来

科技，以及业主希望我们更好、更快、更经济地按需求完成项目，推动着设计和建筑工业的变革。美国工程师协会用"集成化实践"这个词来描述这种全新的工作方式。

集成化建筑实践的核心是项目的所有利益相关方组成一个团队。这个团队遵循着真诚合作的原则，共享信息、共享盈亏，使用最新的科技手段及时地进行决策。建筑师的设计过程通过集成化实践得以完善，并且他们的价值贯穿项目的整个生命周期。

让我们面对现实吧，是时候把 BIM 提上议事日程了。大多数建筑师因为缺乏信息，所以在错误的时间做了许多错误的决策。

集成技术不是要求建筑师丢弃他们已有的成熟经验，而是要求他们以不同的方式看问题，
分清什么是该扔掉的，什么是该保留的。

集成化实践使建筑师成为更优秀的设计者并能为客户创造更多的价值。

从传统工作方式转型为集成化实践需要良好的规划，因为这种变化会影响建筑师工作的各个方面。顺利的话，集成化实践将改变每个人对世界的看法。

学习 BIM 不能一蹴而就，我们应该有切实可行的计划。本书会为你指引正确的方向，让你少走许多弯路提升学习效率。你进步快慢由你自己决定。

人们对变化的接受能力不同，有些人喜欢加快节奏，有些人习惯按部就班。无论你的接受能力如何，本书都能以适合你能力的方式帮助你进步。

集成化的 BIM

"BIM"一词于 2002 年初提出，是建筑信息建模（Building Information Modeling）的英文缩写，

用于描述虚拟设计、施工和设施管理。BIM 的过程是通过虚拟模型以实现在整个建筑行业内的信息共享。设计团队成员之间通过内嵌数据的虚拟模型来共享信息,能够极大地减少错误并提高设计质量。通过集成业务流程和信息模型,BIM 可以让业主更加高效地管控项目。联邦政府预测,使用 BIM 每年可节约资金超过 158 亿美元。现今,恰当地使用 BIM 可节省 5%–12% 的项目资金。

25

这本书将告诉你如何正确地使用 BIM。

> 《未来的冲击》(Future Shock) 的作者 A·托夫勒 * 在描述 "社会未来主义的策略" 时写到,通过有组织的方式取得综合知识能够推动计算机规划智能的发展。他指出:"把知识整合在一起将会是历史上最明智最有价值的一次尝试。"

建筑信息建模与地理信息系统、关系数据库和互联网相结合帮助我们实现托夫勒的设想。在这些概念的基础上,现在你能够使用基于规则的规划系统获得和整合各个层面的知识。如果你能描述某个事物,它就能被捕捉,如果它能被捕捉,你就能定义它与其他知识的关系。运用知识交互作用规则,你可以更加快速准确地评估所做的选择。如果一个规划能用 "经验法则" 概括,你就可以用 BIM 模拟 "现实生活"。

知识是一种非永久的商品。科学技术改变了世界甚至改变了我们对世界的反应,我们必须变得更能适应、更加能干。我们必须更快地处理信息,这个问题将决定我们能否适应改变。

多数人知道我们不得不加快适应的脚步,因为这个行业的一切事物都在加速改变。5 年曾被看作是一段相当长的时间。

26

现在的 5 年变得相对短暂。为了在快节奏中应对改变,我们必须作出更好的决策。如今,建筑师、建造师和业主因为太过保守而犯了许多错误。我们必须更加灵活做出眼光长远的规划和更加准确的预测,否则不可能取得进步。

故步自封不再是最佳解决办法,科技给了我们用数据做出预测的机会。这使我们能快速反应,在细节中研究变化趋势,用数据证明新设计理念的正确性。

托夫勒告诉我们应该大胆尝试新方法,因为谨慎胆小使我们犯了太多的错误,浪费了太多的资源。

---

* 　Alvin Toffler(1928–2016 年),世界著名未来学家,以《未来的冲击》、《第三次浪潮》、《权力转移》三部曲享誉全球。——编者注

正确认识 BIM

通观本书你会发现有很多令人困惑的 BIM 术语，这对多数人来说是难以理解的。一些人认为 BIM 是一种软件厂商提供的建模工具，这种思维上的限制会减少 BIM 带给你的价值。

BIM 不是一种应用软件，它是一种能创造长期价值和进步创新的信息化体系。BIM 能完善项目的设计和建造，在许多领域里创造经济价值，从而改善我们的环境和生活。我们将在后面的部分研究 BIM 是如何做到这些的。

约定

27

为了表述清晰，我们在本书中使用以下约定：

bim（小写字母）用于表示应用程序。如 ArchiCad、Bentley、Revit 等都属于 bim 工具。

BIM（大写字母）指的是信息管理，它代表了现今的社会与技术资源之间、环境与组织机构之间复杂的协作关系。重点是在正确的时间正确的地点得到正确的信息，以此进行项目管控。

通观全书经常会看到"控制"这个词。"控制"是一个中性词，它的意思可好可坏。在本书中，"控制"是指对进程的管控和引导。

BIM 是人们在处理与建筑环境的关系时产生的一次进化，在此过程中创造出许多若隐若现的机会。

本书着眼于现阶段你能使用的系统、工具和采取的行动，介绍集成化实践在建筑领域的成功应用。大 BIM 小 bim 是一个值得推广的方法，我们尽可能全面地介绍所有的选项、工具和体系。如今有太多的问题亟待解决，将来还会有更多的问题需要面对。随着技术的不断进步，这本书中的概念也会不断改变和发展。当你面对层出不穷的问题时应该灵活运用所学的知识去解决。相信你能一定做到。

29 战斗的号令

Kimon Onuma，美国建筑师学会资深会员

随着建筑行业采用建筑信息建模和集成化的工作流程，我们逐渐开阔了眼界。

今天的互联网看起来像 1978 年的科幻小说。想象今天的互联网是如何运作并扩展物理世界。明天，所有的建筑物，包括建筑物里的东西、人和业务需求将通过建筑环境的公共接口相互连接。这不是科幻小说。在今天看似离奇，但明天它将会是我们工作和生活的一部分。

随着互联网的发展，它从一个"观察"信息的地方转变成一个创建自己的信息并与他人合作的地方。互联网能控制你。YouTube 将电视观众变成了节目内容的生产者。Facebook 和 myspace.com 改变了社交网络的交流方式。不久前，我们还不能想象一个有 Google Earth、eBay 和 facebook 的世界。互联网改变了我们工作和生活的一切。今天，如果你没有连接到互联网那么你就不再与世界相关。互联网的概念比 BIM 更大，它是作为基础设施使大 BIM 成为我们工作和生活的一部分。

随着我们的世界变得更加复杂和相互关联，我们不能继续用传统方法进行管理。信息是当今世界的货币。更有效地管理信息应该是允许人们与世界互动并以此增加信息的价值。随处可见，人们拥有的信息变得更连贯和相关。

30　　新一代的年轻人与互联网一起成长。现在他们正在朝着建筑业的领导者迈进，不愿意循规蹈矩——因为他们知道更好的方法。他们能够改变这个行业。行业需要接受这种转变，从经验主义转变到新生代知识。

在过去，知识代代相传的方法从中世纪以来就不曾改变。事情变化得太快，传统的方法就不好用了。大 BIM 创造了机会让我们赶上当今世界的步伐。通过获取当今的主流知识并加入变化的新一代，我们都受益了。我们可以为那些跟随我们脚步的人创造一个更有效和可持续的世界。

我们必须从现在开始。想象一下，我们有能力通过世界上最大的行业——建筑行业，逆转全球变暖。仅仅只要削减今天所有项目浪费的 5%，就能立刻让未来更环保。大 BIM 已经证明能为每一个项目节省更多。

本书把小 bim 定义为非集成化，它只能提高个人的生产力，但并不与更大的世界连接。另一方面，大 BIM 明显有助于建立更高效和可持续的世界，这些改变以一种不可能达到的发展速度重新定义了建筑、结构、施工、业主和经营者（AECOO）。行业必须从旧方法中吸取教训，学习更有效和更好的方法管理我们的稀缺资源。

31　　整个建筑业的生产力在持续下降。行业研究显示，30% 的时间在设计和施工过程中被浪费。经理试图用"非集成式"沟通和协作工具来解决这个问题，但收效甚微。

沟通和协作必须直接通过 BIM 发生。知识、决策、成本、人力、预测和其他的一切都必须相互整合。所有这些信息都是关于通过 BIM 克服行业的持续下滑实现生产率增长。

新时代的合作方式会与今天大不相同。电子邮件将不会是沟通的主要形式。信息将被附加到模型中，每个用户将对互连数据进行访问。合作的速度会大幅提高。然而，大 BIM 的使用并不复杂。

BIM 将变得更容易使用和访问。正如互联网使得复杂技术易于使用，大 BIM 将简化建筑行业的复杂性。复杂性仍将存在，只是现在你所需要的信息（并且只有你需要的信息）将是可存取的。

新的工具和接口将由整个行业的专家和软件供应商创造。先行者将提供他们的专业知识从专家的角度来帮助其他人了解具体需求。正如互联网不要求每个 web 站点统一改造文本、图形和显示数据的方式。大 BIM 的专家也可以在现有标准下增加他们的专业知识来创建独特的内容和新的合作方法。

的确，建筑业使用新技术是一个挑战。它就像是把整个国家的出行方式从汽车变成自行　32
车一样令人生畏——一种巨大的阻力下的文化变革。

改变并不容易。

文化转变是最难面对的最大挑战。然而，不论喜欢还是不喜欢，这种变化正在发生。洛杉矶 BIMStorm 让我们看到了建筑业的未来。130 多个来自世界各地的人在 24 小时内建立了超过 400 个建筑信息模型。来自世界各地的用户能够用大 BIM 进行实时合作，而许多小 bim 应用程序只能在很短的时间内使用开放的标准。

文化变革的例子是如此深刻，比如洛杉矶的 BIMStorm 被称为 BIM 领域的"伍德斯托克"（Woodstock）音乐节。它就像是 BIM 的一个缩影，一个标志性的转折点，人们从此开始认识了 BIM。就像伍德斯托克音乐节永远改变了音乐的世界，设计和施工的世界变化的比我们想象的要快。几年后，我们将回顾和嘲笑我们正在做的事……

建成环境消耗了我们大部分的化石燃料。随着全球气候变暖和燃料稀少，我们现在必须做点什么。我们有工具来分析结果和变化轨迹。不仅仅是设计领域，我们有责任在整个建筑行业内促进可持续发展。没有时间等待，我们必须马上采取行动。

文化变革不只是关于技术，它取决于你自身。BIM 就如同互联网一样根据新的需求和用　33
途不断变化和发展。你需要马上开始使用 BIM 并发掘它的全部潜力。知道如何在高性能建筑设计和施工中应用 BIM 技术，最终你将创建绿色建筑。并且，你可以成为这个领域的带头人！

详情请浏览 http://BIMStorm.com。

Kimon Onuma(BIMStorm 创始人)简介

Kimon Onuma 是建筑行业公认的领袖。他独特的视角横跨建筑、规划、编程、软件开发和技术策略。1994 年,他第一个在美国政府大规模设施中使用 BIM。他的团队开发了 ONUMA 规划系统(OPS)—— 一个 BIM 模型服务器和编辑器,用于美国海岸警卫队(USCG)项目:部门指挥中心系统,6 个月完成 35 个部门项目的设计过程。

Onuma 获得过无数奖项,包括 2008 年评委会为洛杉矶 BIMStorm 颁发的 BIM 大奖,美国建筑师学会(AIA)2006、2007 年的建筑实践技术大奖和 2007 年(AIA)BIM 奖项。2006 年,他撰写了美国建筑师学会出版的新书第 6 章"21 世纪的建筑师——集成化实践",此书介绍了美国建筑师学会 2006 年大会的集成化实践议题。Onuma 是 buildingSMART™ 联盟董事会的领导者。

第2章

BIM 之路将通向何方

　　有梦想是好事，我们都需要梦想。当我们放弃梦想的时候就会停滞不前。我们循规蹈矩地做着重复的事，甚至没有得到我们和业主所期望的结果。

　　你是否曾梦想过，某一天你能实时地查询新工程的细节，而不用聘请测量员也不用亲临现场。你是否曾梦想过，某一天你打开文件夹就能知道，你刚刚拿下的改造项目的所有施工和竣工细节。你是否曾期望过，你可以不用实地考察就能掌握合作公司的运作情况。现在你能实现这些梦想了。

　　建筑信息建模（BIM）的概念是如此的普遍和影响广泛，它几乎可以涵盖你能想到的任何事物。如果涉及建筑环境，使用 BIM 可以让建筑环境更好、更有效。这种错综复杂的事物让许多先驱者陷入在细节上添加细节的死循环。他们有着崇高的理想——开发出功能完善、界面友好的系统，这样建筑领域里的每个人都可以用它来与彼此互动。他们的工作是获取这个行业的所有信息。你也应该参与其中。

　　如果你只是等待，就会被别人甩在身后。

　　从今天起你将从 BIM 中获益。这种工具是可靠的并且已经被使用 20 年了。这就是为什么你不需要等待就能立刻开始学习 BIM。

- 用 BIM 获取成果。
- BIM 让你有效的使用工具和进程。
- BIM 让你确保技术优势，其他的商业化技术都能为你所用。

　　你和你的客户不能等着其他人为你们解决所有的难题。运用你现有的资源和可用的工具，就能通过 BIM 获得许多的效益。此外，以新的方式利用这些资源和工具，你就能设计出让业主满意的好建筑。

37　为什么不现在开始呢？

　　有时候，在做出改变之前你不得不克服许多问题，这会使你产生惰性。但是，如果你把 BIM 看作是能提供优质设计和客户支持的业务决策，这个问题就简单多了。

客户竞争

　　"这是一个设计至上的时代。我为一家有 400 个床位的医疗机构管理设施，我们总是需要不停地建设。我们聘请的建筑师创造出人见人爱的美妙设计。

　　如果我们雇用一个工程经理来控制设计过程就能得到可靠信息。不然的话，我们就要留心建筑师是否确保了他的设计能满足我们所有的需要。我们能得到'漂亮的图纸'，但是我们很难从建筑师那里得到现阶段的可靠决策信息。这个设计让我们的员工感到兴奋。建筑师要求我们毫无怀疑地接受他的设计。这样一来我们将不是靠事实，而是凭感情作出决策。

　　等到我们了解建筑师们花费了大量时间设计的细节时，如果一切都步入正轨，生活就是美好的。不然的话，有些人就要花大价钱去修改设计。不幸的是，从我们认可了那些'漂亮的图纸'开始，资金的压力就倒向了我们。我们不得不委曲求全，因为没有人愿意花费时间和金钱从头来过了。

　　在如今这种大环境下，我们收到的报价总是偏低的，但实际发生的费用往往大幅度超出预算。然后建筑师们开始变得保守起来，每个人都惶恐不安。直到设计方案顺利完成或许还得了大奖，之前的种种不愉快早已被人们淡忘……

　　在项目建设过程中，由于种种原因会产生大量的额外开支。我们把这些开支都归结为意外开支，所以不是每件事情都能顺利完成……

　　最终我们的项目完工了，但问题始终没有得到解决，所以……

　　我们努力的运营设施，但问题总是层出不穷。这时大家才意识到，从一开始我们就错过了一些重要的事情……"——医疗设施主管

你可以让自己的项目摆脱上面描述的场景。你应该着手解决问题、让业主共同参与、扩　38
展你的知识、作出更明智的决策，然后你的事业才会有显著的提升。

美国建筑师学会会员，丹佛市建筑师 Paul Adams 说得好："所有的大错都是在第一天就铸
成的。"如果你能减少或消除项目开始之初的错误，你就能获得巨大的效益。

我们发现，如果能得到真实可靠的客户决策信息，你就能做出更好的设计。这可以通过
密切关注设计的交底过程和适当应用科学技术来实现。我们发现，从一开始就管理项目的限
制条件是你减少错误的关键。

明确路线

通信技术正在把我们的世界变小。现在我们在网络商店购物，卖家把商品从世界的另一
端快递到我们手中。这个过程宛如瞬间。

Google.com、Expedia.com 和 Amazon.com，这些网站彻底改变了我们与世界的沟通方式。
然而，即使是在这种新的"平面"世界中，建筑师仍然在用传统的方式进行他们的设计工作。
一些人开始拥护变革并重新思考如何利用这个全新的世界来提升他们的业务。

人们一直不断尝试理解技术对社会的影响。从 2007 年的角度来看，大部分关于技术的
讨论都显得与集成化实践相去甚远。在 20 世纪 70 年代，先驱者们设想或发明的许多技术使　39
BIM 和集成化实践成为可能。像 R·B 富勒 * 和托夫勒这样的空想主义者预言了许多变革。到
1975 年，综合了社会和技术体系的管理系统在制造业中被很好地定义和使用。George Heery、
William Caudil 等人重新定义了许多我们现在看来有些"过时"的建设交付方式。

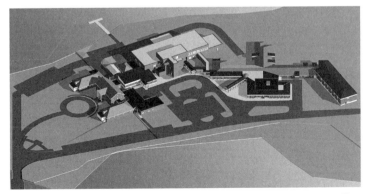

美国马里兰州克里斯菲尔德——1993 年，麦克里迪纪念医院开始用 bim 模型
进行翻修、添加、总体规划、环境分析和策略规划

---

* 　R. Buckminster Fuller（1895–1983 年），美国著名建筑师、未来学家，是"张拉整体"（Tensegrity）的发明者，著述甚多，
以"少花钱多办事"的生态设计理念闻名于世。——编者注

对许多人来说，建筑信息建模好像与其他软件解决方案没什么不同。这种想法会使你难以接受新生事物，你的收获也会随之减少。如果你没有充分理解 BIM 的潜力和理念，就很难明白它是如何使你受益的，也很难看清通向成功的道路。无论如何，只要合理地使用 BIM 就能把你的生活变得更好。我们的目标是向你展示如何正确使用 BIM。现在就开始吧。

本书中的详细方法旨在帮助你成功地进行集成化实践。当我们进入探索的下一阶段时，我们会看到你将如何提供价值。

40

采取行动

当我们探索如何向集成化实践转变时，我们发现一个成功的项目必须围绕一个能够整合所有团队成员价值的系统。让业主、顾问和你的员工共同协作以确保他们理解项目的目标和理念。稳步扩大理解和支持 BIM 的人际圈。当他们理解你是如何用 BIM 创造价值时，他们就会更支持你。

以下方法有助于理解和成功的推广集成化实践：

● 与其他人关注相似的目标以此增加支持者的数量。

● 探索不断发展的新技术。

● 设计、测试和应用工具来管理信息。

● 把创新当作一种管理工具来提出新见解，探索新角色，理解新观点。

● 建立一个可以完全专注于积极改变的环境。

● 对其他人进行培训，增进他们对集成过程的理解。

● 在正确的时间用正确的技巧得到正确的原理。

● 作出决策前要对你的供应链进行深入咨询。

● 记录信息的用途是确认决定或创造未来价值而不是用来秋后算账的。

集成化的未来

在未来，集成化实践可能会在全美国范围内的公司推广应用。这些公司协同工作实现建筑环境的显著改善，创造出更可靠的可持续的工程项目，为社会提供真正的价值。先进的跨学科机构将会通过能提供规则、标准和关系的系统获益，这些系统使用 BIM 产生卓越的结果。

41 无论任何地方任何规模的公司都能在这些机构的扶持下发展壮大。

为了实现这一目标已经有人进行了早期的尝试。其中之一就是 Triglyph 建筑设计组织，他们成功地动员了全美国范围内的技能多样的小公司都使用 ArchiCad 程序和统一的标准进行设计。Triglyph 组织是 BIM 在未来将创造的这类组织中的先驱。

在英国，建设战略论坛（SFC）通过定义新制度让建筑业分裂、复制和敌对的关系得到大幅缓解。他们致力于创建新制度来促进企业间的协同合作和相互支持。他们致力于让企业们关注共同的目标而不是相互拆台恶性竞争。

SFC 部署了一种被称为集成项目工具包的网络工具。这种工具包能介绍集成的原则，允许你测量你的"集成程度"以对抗其他用户。

随着这样的实践概念的发展，企业就能发挥出个性化服务和快速反应等优势。小企业将变得多才多艺，即使他们没有大公司的工具、资源和网络，无论何时何地也能满足客户的需要。在未来，无论是大问题还是小问题都能通过集成实践灵活高效地解决。

现在我们探讨未来的建筑企业将会变成什么样。

各方冲突在继续！　42

即时发布
2007 年 11 月，美国马里兰州，索尔兹伯里

各方都忽视了科技

尽管所有的行业领域都取得了巨大的发展，但是建筑设计和建造行业依然在持续下滑。施工方向业主发起突然袭击，显然他们不知道设计方正准备用自己的方式进行还击。这场战斗发生几天后，设计方遭到业主的沉重打击。这种对抗的激烈程度几乎到了能使各方自我毁灭的地步。

一些人终于意识到科学技术的重要性。他们有兴趣看到科技能做些什么。一些人说"这能够完全地取代我们的传统方法！"其他人表示"……我们以前从未注意到科技的作用。"

新关系

如果技术会说话，他会说："你们这些人还在等什么！？！"

人类的社会组织形式形成于一万年前。从部落到国家，从古代中美洲的球类运动到联盟保龄球，人们因为共同的价值、需求和战略而走到一起。他们通过自己的努力分享风险和回报。

科技进化的速度已经超出了我们的想象。现在我们必须重组建筑领域的社会文化来追赶并利用我们创造的科技。

在不远的将来业主、建造师和设计师将用正确的技术知识建立新的社会秩序。追寻一个　43

共同的目标：有成本效益的开发和运营设施。

新组织

现在的许多建造师和设计师尝试去更改当前的交付方式，尝试利用业主对他们服务的不满。在大多数情况下他们的努力是无效的，问题变得越来越糟。

一群有前瞻思维的人开始走一条新路。他们相信应该把设计师、建造师和业主平等地组织在一起。他们相信用统一的工具、系统和标准能带来更好的合作。他们建立相互信任，让信息和知识自由流通。他们为设施的开发和运营提供富有远见的业务策略。他们强调风险和回报属于所有项目参与者。

设施开发和运营组织（FDO）的设想会被业主们所关注。这个设想是把相似但非竞争关系的业主联合起来，成立全国性的业主联盟。在这个业主至上的行业里还将需要类似的设计师和工程师联盟专门应对各种各样的问题。

FDO 组织将发展成为信息丰富、关系驱动的机构，它用生态学知识不断创造建筑建造和运营的进化。

44 新规则

几年前，新规则不可思议地再造了建筑行业。尝试把新世界融入当前的社会、经济、法律框架内会减慢进程。想要 FDO 的设想变为现实就必须把组成我们世界的活动和信息相互连接。

设施信息数据库（FID）会变得更加强大，这就是现在我们说的建筑信息模型。设施信息数据库会成为设施不可分割的一部分。它仍将保持与项目的"连接"，不会用于其他用途。设施专用联盟拥有这个数据库。

与现在的有限责任公司不同，FSA 将是一个独立的法律实体。它由项目的利益相关者（业主、建造师和设计师）建立和管理。它根据合同设定参数并负责设计、建造和设施运营。设施信息数据库会永久地成为设施的一部分。

报酬由工作表现和预定目标的完成情况决定。所有成员分享财务风险和收益，这一切都与他们的工作努力，发现风险的能力和责任心紧密相关。

报酬发放模式有三种：

1. 一直支付基本工资。

2. 如果成员完成所有目标就支付日常开支和利润。

3. 如果成员超额完成目标并减小风险就发放奖金。

无冲突的 FID 模式成为施工期间绩效考核的标准。

在未来，设施开发和运营组织会这样创建他们的世界

业主

业主决定新建或修改设施需要通过内部业务运作。他们使用统一工具和标准建立工程计划和预算，这些工具和标准是业主、建造师和设计师合作制定的。包括保险在内的工程的各个方面都是业主的资产。他们作为组织成员积极地参与设施专用联盟（FSA）的事务。在项目完工后，他们用设施信息数据库（FID）和 FSA 经营管理建筑物。

设计师

设计师与建造师业主共同合作创建解决方案。他们促进、协调和管理设施信息数据库直到建筑投入使用。设计师与设施联盟合作创建设施的雏形。事实上，他们通过环境模拟、空间分析、视觉模拟、代码和程序确认、进度安排、财务可行性分析、施工分析等手段确认了所有的设计要求。他们确保所有顾问遵守合同和组织指导方针。他们作为组织成员积极地参与设施专用联盟的事务。

建造师

建造师在与设计师和业主的合作中建立解决方案。他们使用并扩展设施信息数据库，通过设计师获得采购、工程管理、制造、临时设施、工地安全等信息。建造师在组织的指导下，建立并使用原材料和劳动力供应链。他们确保所有的分包商、供应商和制造商遵守组织的指导方针和项目合同。他们作为组织成员积极地参与设施专用联盟的事务。

奖励基金是项目的自我保险。不论任何等级的任何成员都不会相互起诉。团队成员之间相互协商解决分歧并通过奖励基金支付工资和所需费用。

设施专用联盟能满足我们的需要，公平有效地达成我们的目标。

公开竞争

资本主义的自然法将会不断塑造和改变人们创立的公司。在这种背景下，利润会快速良性增长，竞争也会加剧。随着公司的发展和繁荣，更多的业主、建造师和设计师会加入进来。这种企业内部和外部的竞争会使一些公司衰落而另一些公司兴盛。

FDO 组织不担心成员带着商业机密或其他信息离开。FDO 的作用不是贮藏信息，而是构建流程、关系和知识。FDO 组织的成员已经超越自我，他们意识到所有自己知道的事情，别人只要轻轻点一下鼠标就能知道。他们和组织的价值在于如何快速、准确、有创造性地掌握

新知识并将其用于解决问题。

引导变革

　　家族战争并不像你认为的那样牵强。建筑行业充满了斗争和对抗的关系。它可能是计算机化以来唯一一个出现生产率降低的行业。

47

监督

　　FSA 授权并资助一个第三方监督团体：

- 贯彻组织的方针政策（新方案、工具、营销和商业标准）。
- 保持组织各成员间的交流沟通。
- 管理提供支持的合作伙伴（软件开发商、原材料供应商以及其他）。
- 管理设施专用联盟。
- 建立和控制会员资格审查条件。
- 调解纠纷。
- 促进组织健康发展。

　　如果无法提高生产率，为什么还要在建筑业推行计算机化？其他行业已经适应了科技带来的变化，提高了产品的质量和有效性。在建筑行业开展业务的方式需要改变。

　　人们很容易忘记，许多我们现在认为理所当然的事情在当时都是革命性的。我们今天的工作方式不是偶然形成的。因为那些有创造性的人用创造性理念去解决问题，才有了今天我们使用的方法。正是他们不惧风险努力探索才让世界变得更美好。

　　在第二次世界大战后，富勒和托夫勒设想的许多体系，现在都变成了行业标准。在同一时期，CaudillRowlett Scott 和 George Heery 扩展了对建设工程管理和多学科预设计的定义。20世纪 80 年代中期，商业软件创建了我们现在所知的建筑信息建模在生产中的应用。当你看到这些在 20 世纪后半叶种下的种子时，你会开始意识到他们的许多推论现在正在发生。他们的许多想法现在看来是那么的顺理成章。这些有远见的人们和工具告诉我们"最佳实践"和集成化实践的实现策略。

　　如何将技术融入建筑行业是一个很大的任务。这个行业非常广泛从业人员众多，因此很难将其整合。它是如此多样以至于关系到我们生活的方方面面。它很难被定义，当一个问题难以定义时就意味着很难被解决。

　　在这个复杂的系统中寻找到解决问题的方法是困难的。建筑师和其他建设专业人士正在

各方联盟！

即时发布

2010 年 7 月，美国马里兰州，索尔兹伯里

各方的未来是可持续发展

　　事件发生了值得注意的转折，业主、设计师和建造师宣布今天一个基于沟通、信任和分享的新组织成立了。他们意识到应该摆脱旧思想的束缚并接受新规则，他们称自己组织的概念为"Triglyph"。

　　一种新的力量提高了生产力，这种力量大于各部分的总和。该组织发言人表示"设施用户、社区和环境是这个新提议的真正受益者。"

　　更多关于这个破坏故事的细节证明……他们会的！

进行递进式的努力，尝试将问题各个击破。他们的进步往往集中在一个群体或一个客户区域。有时这些解决方案通过行业进行筛选。然而，少数团体甚至放弃建筑信息建模和集成化实践，而试图找到真正的方法去解决更大的问题。

> 　　Robert A. Humphrey 说得好——"一个未定义的问题有无限种解决方案。"

　　当人们手工作业时，解决问题是相对容易的。当建筑行业越来越多地采用技术创新时，系统修复就变得越来越困难。现在，行业面临着执行力差、成本控制差、传统的建设过程正在退化的问题

　　技术增加了变化的速度和规模。设计公司用来应对这些变化的资源是有限的。建筑体系的数量和复杂性已经达到一个很高的水平，需要多个专家共同选择可行的解决方案。新建筑材料的使用数量正变得难以把握。这些新材料很难用过去的专业知识和经验进行开发设计。每天都变得更加难以应对新需求。

> 　　在我职业生涯的早期，我意识到建筑师必须改变他们应对这些问题的工作方式。我被一个复杂的问题困住了，继续以常规方法应对并不是解决办法。似乎每次有人努力保持现状，就标志着他的失败。东拼西凑的解决方案是不会有作用的。在未来的世界中我们必须用更高效的方式去工作。

50

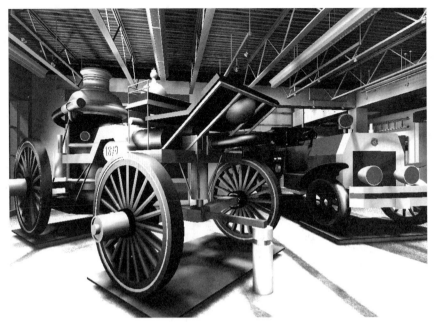

美国马里兰州索尔兹伯里市——博物馆室内概念设计。用户可以自定义的对象几乎涵盖现实世界的任何物品。用户甚至可以创建智能化并且支持决策制定的对象

信仰

今天指导你的信仰是多年的经验和训练的精华。这些信仰的基础是你在工作中被传授和学习的东西。你的信仰指导你的行动，它可以改变你的工作方式让你做得更好。你的信仰也可以使你的事业停滞不前埋没你的潜力。

没有人能了解一切，因为这个世界太大太复杂了。不得已，你只能在一个有限的范围内成为专家。这使得与其他许多人合作成为必要而非奢望。影响你日常生活的大量数据可以是祝福也可以是诅咒。通过发展战略来管理这些数据，你可以在生活中最大化地利用它的价值。

51　集成化实践使用建筑信息模型来管理数据，为你的公司提供了一个管理这些问题的方法。变化可能会要求你重新评估你的一些信仰。你可以看到集成化实践作为一个新技能，需要培训才能掌握。它要求你重新评估你所知道的许多事情。它要求你重新考虑一些你支持的信仰。

事情的成功通常取决于你如何应用自己的信仰和价值观。通过坚持自己的信仰和价值观，你会创造出自己的行事风格。在集成化实践中也是如此。

包含在这个列表中概念不是革命性的。事实上，它们可能对你有意义。它们看起来似乎是理所当然的。

信仰和价值观驱动成功的集成化实践包括

- 设计是你生活中的一部分。
- 通过限制条件管理进度。
- 设计和施工可以同时进行。
- 早期决策影响最终的质量。
- 旧传统和旧体制不能掩盖好的业务决策。
- 大家一起工作时，你可以制定互利共赢的目标，创造更多的价值。
- 良好的沟通和知识共享能构建强大的项目团队。
- 你是集成供应网络的一部分，这是让业主满意的关键。
- 只有好想法是远远不够的，只有当你夜以继日地努力行动时，想法才能变成现实。

但是，你真的把这些信仰用在每天的工作中了吗？　52

建筑师被认为是有创造性的问题解决者。但有时他们所坚持的信念让他们重复犯错，使他们的业务水平大打折扣。如果一个建筑师做设计时与业务交付时能有相同的创造力水平，这在经济上会有强大作用。

集成化实践能为你和你的客户提供显著的效益。改变你对项目和建筑行业的看法会给你带来许多优势。当你探索上面的列表是如何影响你的信仰时，思考通过这一过程获得更多优势的同时如何改善关系。你会发现它是值得去努力的。

作家塞万提斯 * 说过 "有备无患"，这在 190 年后依然是真理。

事先警告　53

这不是什么新道理。这似乎是显而易见的，仅仅是为你的客户提供更好的早期信息，好让他们更容易看到即将发生什么。

要帮助你的客户，从五大原则开始：

1. 沟通——用科技立即进行访问。明确和公开的沟通是第一要务。没有它，什么都是不可能的。

---

*　Miguel de Cervantes（1547–1616 年），西班牙作家、戏剧家、诗人，《堂吉诃德》的作者。——编者注

2. **集成**——优化工作方式、方法和行为以得到最大的价值。营造一种文化，在这种文化中团队能够高效地一起工作。

3. **互用**——建立能捕捉一切细节的业务方式。然后分享信息消除重复。一旦你开始工作就会为了多种目的使用这些信息。

4. **知识**——收集一切可靠地档案。使用现实世界的事物之间相互关联的规则以提高效率。用知识来消除干扰快速做出决定。注意细节。

5. **确定**——利用你可支配的一切把事情搞清楚。重新使用数据来获得正确的信息，在正确的时间作出那些必要的决定。

这五项原则用最通俗易懂的方式描述了 BIM 和集成化实践是什么。你关注于创造最有效和高效的方式来服务业主。你变得更敏捷、更有效率。你成为建筑环境价值网络中的资产和资源。

54　　　出于各种原因，关于 BIM 的讨论变得混乱。在本书的介绍中，我们讨论了大 BIM / 小 bim 的问题。它们之间的不同，是引发大部分困惑的根源。这个主题的复杂性，再加上市场驱动的利己主义导致了许多的误解。这是一个新的不断发展的市场，有时人们更感兴趣的是做生意而非传授真理。供应商之间对主导地位的争夺，会导致商家为了最好的展示产品而进行炒作。有时炒作会演变成虚假宣传。造成混乱通常是无意识的，但有时候不是。最好的方法是警惕和质疑一切，无论它是多么的合理诱人。

BIM 不是……

BIM 是对信息进行管理以提高理解力。BIM 不是 CAD。BIM 不是 3D。BIM 不是应用性的。BIM 最大化创造价值，它贯穿于整个建筑环境价值网络。

在传统的建设过程中，当你从一个阶段进入另一个阶段时就会丢失信息。你作决定时可用的信息不一定是最佳的信息。

BIM 则大不相同。理解 BIM 最简单的方法是了解 BIM 不是什么。

BIM 不是单一的建筑模型或数据库。供应商可能会告诉你，所有的一切就是一个单一的 BIM 模型。这是不正确的。他们会更准确地把 BIM 描述为一系列相互关联的模型和数据库。这些模型可以有多种形式，同时保持相互联系并允许信息的提取和共享。单一模型或单一数据库，这种描述是对 BIM 的一大误解。

55　　**BIM 不能代替人工**。BIM 仍然需要完善。通过减少重复性工作，BIM 让你更轻松。它需要不同的培训和不同的心态。BIM 不是自动化，它不会忽视你的存在。你会不停地收集信息，并用你独特的解决问题的技巧处理信息。你需要成为精通可视化通信的高手。无论如何，你将投入更少的精力。

　　BIM 并不完美。人们需要把数据输入 BIM。因为人们会犯错,有时他们会输入错误的数据。一旦你开始输入数据,就没有出错的余地。BIM 允许你轻松地获取知识并减少重复性输入。在错误造成伤害前就能轻松地发现它们。

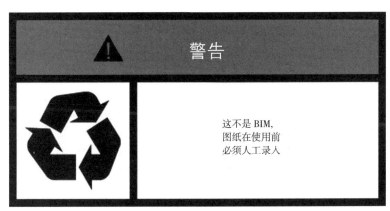

通过把简单的任务最小化,BIM 可以减少错误

　　BIM 不是 Revit、ArchiCad 或 Bentley。那些不懂技术的人认为 BIM 和 Revit 是一回事。56 同样是这群人,他们说"CAD"时指的是"AutoCAD"。他们甚至用 Minolta 复印机时也会说"Xerox"复印。软件公司做了一个精彩的市场营销工作。然而,这些项目都是美妙的 bim 的解决方案,而不是 BIM 解决方案。你可以使用其中的任何一个软件,但这并不是在做 BIM。

　　BIM 不是 3D。3D 软件让你模拟几何结构,它是一个好用的可视化工具。3D 建模师能大大提高我们交流思想的能力。在概念上,3D 模型仅仅是长、宽、高和表面材料的图片。有了 3D 模型,你仍然需要解释这些东西的意思,它们是如何与其他东西连接的,他们在空间中的位置。

　　BIM 知道所有这些问题。BIM 知道如何将事物相互关联,它由标准定义并能相互分享。BIM 不是一种软件,不是 3D 模型,也不是项目的某个阶段。但是,BIM 可以做所有这些事。

图像和图形输出不是 BIM。他们是 BIM 数据库的视图

57   **BIM 不必是 3D 的**。它可以是电子表格。举个例子：一个简单的地址表格，它包括姓名、街道、城市、国家、邮政编码和网址。这是标准化数据格式，它是有用的但还没被 BIM。当你把这些数据输入 Google Earth，对每一行数据进行分析和标注（地理坐标）。这些数据就呈现出新的维度和能力。你能对它进行共享、添加和对比。电子表格中的数据与复杂组织和环境相互作用，这就是 BIM。

　　BIM 不是完整的。一些人认为所有的标准和工具必须预先到位，BIM 才能成功。其他人认为 BIM 是不可能的，除非在这个过程中每个人都参与进来。他们错了。从长远看，标准和定义的过程肯定是必要的。涉及建筑行业的每个人是长期目标。事实是，如今 BIM 正被有效应用。BIM 能提高效率并且借助我们的能力来支持业主。BIM 是有益处的。

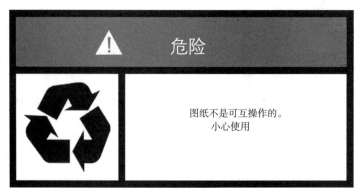

如果你不能分享你的数据，就限制了它的价值

58   小 bim 解决方案有共同的特点：其创建数字资料库并允许合作使用数据；其通过数据库调整数据以反映任何项目更改；其获取并存储数据以便重复使用。

　　如果你开始整合你的项目，记住使用 BIM 要沟通、集成、互用、知识、确定。

　　你的第一个任务是考虑如何在实践中使用这五个原则。到那时候要谅解实践中的低效率，你可以找到 BIM 的解决方案去解决问题。迈出这一步，你将找到最适合自己的方式，为你和你的客户更好的工作。

　　你可能会在不同的领域内比其他人看到更多的好处。你的项目需要若干个设计流程，你可以用 bim 的解决方案改善其中的任何一个。一旦你开始来改善你的过程并开始看到成功，你就可以扩大使用范围。如果你和其他人一样选择了这条路，随着时间的推移，你会发现自己整合了多个过程。你会在建筑行业创造更大的价值。

　　　　"如果你停滞不前，即使选择了正确的道路也会被超越。"——威尔·罗杰斯 *

---

*　Will Rogers（1879–1935 年），美国幽默作家、著名电影演员、电台评论员，因其朴实的哲学思想并揭露政治黑暗面而广受大众欢迎。——编者注

第二部分

成功的框架

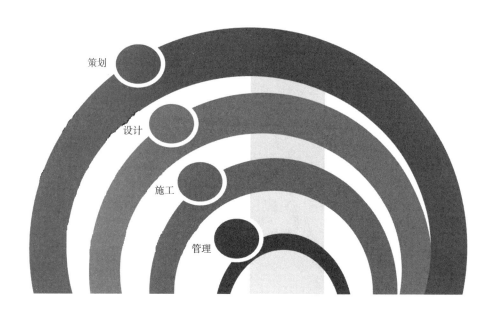

第 3 章

集成的四个阶段

美国马里兰州大洋城——从第一个原型开始分析。通过 bim 模型简化了遮阳和采光这两个课题

　　很难找到最佳的方式来表达集成化实践的概念。每个人听到消息和接收信息的方式都有所不同。有许多不同的学习风格。当你探索如何实现这个过程时，你会发现新的方法来传达你的讯息。抓住每一个机会在你的员工、顾问和客户中强化概念。

关于玩具鱼（squishy fish）* 的故事

几年前，我们在机场航站楼和一名叫 Hirsh 的机场规划师共事。接下来的 12 月，Joel Hirsh 送给我们一个玩具飞机，上面标记着"庆祝 20 年的努力分析 squishy 产业"。这个发送节日问候的方式还真是可爱和不同寻常。过年收到的贺卡我们当年就扔进垃圾桶里去了；这个飞机一直放在我的书架上，它给我留下了持久的印象。

第二年 9 月，我们有过关于节日礼物的讨论。像往常一样，我们都有自己的想法。4Site 公司经理之一的 Frank Brady，他指着 Joel 的飞机建议我们做类似的东西当作礼物。年轻的建筑师 Leisl Ashby，拿出一个墙面涂料供应商送的玩具鱼说道"为什么不做玩具鱼？为什么不创造大西洋设计公司自己的风格？每年我们可以做不同的玩具鱼送给客户。"大西洋设计有限公司的玩具鱼从此诞生了。

就是现在，你问自己——"玩具鱼和集成化实践有什么关系？"答案是：当然有关系。

玩具鱼是对记忆的一种辅助，有助于向客户表达我们的企业信条——通过让你尽早掌握你的项目来缓解你的压力。玩具鱼让我们的公司在此生根——德玛瓦半岛，位于大西洋和切萨皮克湾之间。玩具鱼是有收藏价值的，你可以建立自己的玩具鱼收藏——就像我们帮助你为你的设施所做的一样。

早在 1998 年 12 月，我们给客户送出了第一个玩具鱼，并且每年我们都给它更换新颜色。最近的一个假期，我们送出了十周年纪念版的玩具鱼。我们的客户和朋友收集它们，通过这些色彩斑斓的玩具鱼就能记住我们。最近，一个老客户得知他的新项目要开工时说："你最好送我一个不一样的玩具鱼。"

有客户打电话给我们，希望我们给他一个定制版玩具鱼。这是增进交流的好方法，使客户们记忆深刻。

无论是洽谈还是参展，我们都会赠送玩具鱼

几年前，我们受雇来帮助一个消防队规划发展策略。如果你和志愿消防员共事过，你就会知道他们是多么热爱消防队。当他们把你从着火的房子里救出来时，你就会明白他们的工作热情是一件伟大和美妙的事情。但是，当他们参与规划过程时，他们的热情需要被严格地控制。

消防员们决定用三天的时间对规划方案进行讨论。第一天，他们都各持己见不肯让步，最后几乎演变成肢体冲突。玩具鱼扮演了一个我们从来没有设想的角色。它很

---

* 一种嘎吱嘎吱作响的玩具鱼。——编者注

轻很柔软可以像雪球一样扔。他们开始用玩具鱼发泄不良情绪而不是用拳头。

玩具鱼缓解了紧张情绪，它提供了一个无害的方式使大家开始达成共识。这看起来很像一群孩子在打雪仗。玩具鱼实际上帮助我们达成协议。三天过后，大家得到了一个让所有人都能接受的方案。这是玩具鱼的功劳。

玩具鱼是集成的！（图中英文意为：超越信息模型）

事半功倍

你是如何评估客户需求并在设计中解决他或她的问题呢？如果你像大多数建筑师一样，在你职业生涯的早期就开始全力以赴去解决这个问题。当你变得更有能力时，你对这些问题的关注也会减少。你把自己的个人解决方案集成到你的工作方式中，它会变成你生活的一部分。

有时候你需要退后一步，重新思考这样的问题。随着时间的推移，我们认为东西会过时是理所当然的。以新视角审视旧思维可以重振你的进程。　64

当你为客户提供项目控制时，你的价值和可信度也会在这一过程中得到提升。努力创造这种价值并不是一个新事物，这已经被讨论过很多年了。大多数公司可能在他们的使命宣言中包含了类似的词。然而，究竟有多少公司能坚持做下去呢？

项目受控

在 1996 年，我们开始重新思考这个问题——如何寻找更好的方法来应用技术帮助建筑实践？

从那时起，我们已经测试了成千上万的软件和硬件工具。我们对软件和硬件进行了单独的和整体的测试。我们的目标是寻找"最好"的和最盈利的解决方案。这些解决方案有的被采用，有的被放弃，有的没作用，有的很成功。

我们把这些探索应用于现实世界。这是一个有功能的和有利可图的建筑实践。我们做的不是与世隔绝的测试，而是在实际项目中使用这些工具。

如果它有效那是再好不过了，否则我们会继续尝试下一种可能性。这是一个长达十年的探索。

除了有三年"坏时光"是由于人们的错误和糟糕的联合决策，其他时候我们都是有收获的。那些年，我们学习了关于系统管理技术和系统管理人有哪些不同。

　　我们意识到业主需要驱动项目进程。即使是在技术层面，我们也必须让业主参与其中。我们通过调查发现了客户最希望从我们的服务中得到的东西。这个概念很简单。

　　业主们希望他们的项目是受控的，他们想知道进展的情况。使用科技手段就能满足他们的要求。

65　　在读研究生期间，我有幸向富勒和托夫勒学习。人们很容易忘记，他们早在 1970 年之前就开始谈论这个问题。也许他们的理论已经被技术"迎头赶上"了。

　　他们的思想直到今天仍然有意义。世界已经改变，但他们的一些理论现在依然可行。他们的许多想法都是现在的主流。他们的想法能继续提供线索，指引我们找到利用科技的好方法让世界变得更美好。

　　富勒于 1969 年发表的作品《太空船地球号操作手册》（Operating Manual for Spaceship Earth），是为建筑环境写的操作手册，它是一个先驱和路标让我们明白 BIM 能做什么。他探索人类如何在地球上生存，他倡导用更少的钱做更多的事，他倡导全面的世界观。他在《全面预测设计科学》（Comprehensive Anticipatory Design Sicence）中的理论，现在使用信息建模技术得以实践。他预测的专业重叠是集成化实践的标准。今天你真的可以使用技术筛选你的天赋才能，更全面看待我们的世界。

　　富勒要对现在许多可持续性的概念负责。他教你如何利用技术进行预测，用更少的资源解决问题。将建筑环境和社会问题化整为零就更加容易解决，你可以实现他的想法。在他的基础上，你可以用集成技术来"少花钱多办事。"BIM 的过程就是实现富勒想法的过程。在本书的集成化之路这章中，会详细介绍那些使富勒的想法成为现实的工具。

66

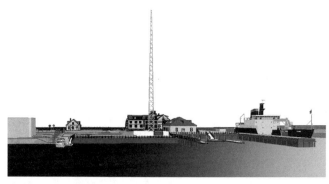

美国新泽西州大洋城——设施成为业主在商业决策过程中不可分割的一部分。这张图片是从竣工信息模型中提取，通过使用 bim 模型来获得设施和业务流程信息

更好的管理

优秀的建筑师能够收集复杂的信息并将其整合成创新性的解决方案。建筑师们是意识到他们几乎不可能赶上行业动态，除非他们开发出新的实践模式。这不再是用计算机代替手工绘图这么简单的事了。

建筑师们终于可以摆脱软件供应商的纠缠了，那些人只为了卖出更多的软件。集成化实践和建筑信息建模的关键不在于购买正确的软件，而是采用优化的流程和找到最好的工具为客户创造最高的价值。

达成这一目标的方法是使信息容易获得，在格式上便于相互交流，在一个共享的环境中反映现实世界。你应该变得更全面，成为一个信息化建筑师。

建筑师总是管理数据。二维 CAD 的解决方案是自动化过程的第一步。事后看来，这种解决方案实际上增加了误差并缺乏项目控制，这些问题一直困扰着建筑行业。

因为这些 CAD 文件之间不能相互协作并且需要复杂的管控，所以增加了出错的风险。67 CAD "完成文件"的高品质是一种虚假的错觉，它并没有提供他所承诺的改进协调性和清晰度。

虽然我们无法预测未来的建筑将如何改变，但可以肯定的是，每个革新将建立在对现有条件的理解之上。因为数据早已在 BIM 系统中到位，修正的过程会更有效率。你不用再担心有文件丢失损坏，或有人输入错误的数据。

BIM 的优点是所有建造数据都是嵌入式的，并且在设施的整个生命周期内都可以进行访问读取。通过这些数据，建筑师可以准确地模拟出建筑当前或未来状态并将其串联起来。使用这些数据，你会有关于这个设施的更多更好的实时数据。随着初始数据输入过程逐步被取消，所以手工输入伴随的错误也会减少。

正因为如此，才大大地减少了对人员能力严苛的要求。因为你需要的建筑信息大多来自数据库，更多工作可以被自动处理。这个数据代表了设施的状态，它与建筑环境价值网络相连。因为每个微小的数据都代表着整体的一部分，所有你要最大限度减少重复数据。你不再需要对多个版本的相同的信息进行分类。这就消除了大部分的混乱和潜在的错误。

上文中那个玩具鱼的故事，我们讨论了消防队如何在这个过程中受益。与此同时，68 我们为同一个业主完成了两栋建筑。项目完成时，我们为业主节省了 10% 的预算。承包商和分包商，建筑师和工程师都因此获利。项目在预算范围内按时完成，在行业内很少有项目能如此接近自己的目标。

能达成这些目标是因为使用了建筑信息模型。

在这个项目完成后的几周，业主送给我们一条马林鱼作为礼物。这条鱼一直被养在我们公司的接待区，它像是在告诉来访者我们是 "信息化建筑师"。

价值网络

让你的业主生活的更好，为他们节约资金并保持盈利是集成化实践的宗旨。当你能创建有助于你更好的工作并提高资金利用率的业务流程，你就会提供更大的价值变得更成功。

创建一个集成化实践不能急功近利。不要认为一夜之间就能完成从传统到革新的转变。它需要规划和组织。这是一个管理方式的转变。

你会发现你独有的技能、工具和经验的组合，这对于你的公司至关重要。很多时候，建筑师的工作方式受约束条件限制；他们缺乏前瞻性。

69　　在大西洋设计公司，我们的想法源自 Buckminster Fuller、Alvin Toffler、George Heery 和 William Caudill。它基于 Goldratt 的约束理论和丰田生产系统（TPS）建立。

这个系统将改变我们看项目和建筑环境的方式。

证明管理理论依据的程序建立在传统建筑实践和建设过程中最好最成功的部分之上。

这个程序发生在四个连续的"阶段"，代表着设施生命周期的循环。这个程序促进项目的整体化。建筑师们习惯于把精力集中在项目的设计和施工阶段，现在我们则是致力于推动一个长远的可持续的观点。当我们把关注范围扩大到"设计前"和"建设后"，就需要考虑如何顾全大局。这是有利的决策。

着力点在于信息和管理

收集和储存信息管理的解决方案。在网络的世界里，你必须是一个聚合器，你必须跟上每天都在推陈出新的工具。bim 工具的世界也是如此。

我们最初的目标是对这种环境变化的反应，为集成化建立一个通用词汇表，以便将这些解决方案引入我们的实践。随着进程的发展，它成为一个程序和框架的集合体，使用最新的技术进行设计项目。这个程序已经通过测试并成功应用十多年了。这个程序使今天的建筑信息建模成为可能。

70　　建筑师们知道他们的客户关心的不仅仅是建筑物的设计和建造。然而，"正常"的设计过程并没有考虑到如何支持长期的业务和运营。因为这种狭隘的观点，许多业主担心发生资料不全、成本超支等问题。

业主与建筑师长期合作有明显的优势。当面对选择时，业主就会很快明白为什么集成的过程能帮他们更好更快的做出决策并节约资金。业主们很少或没有额外成本，长远来看更有效率地完成设施是有利的。

这个程序注重于管理成本的约束和调配：

- 建筑师综合信息的能力
- 施工管理和设计 / 建造策略
- 新兴的信息技术。

程序使用参数模型、成本控制系统和项目设施管理数据库合作，得到高水平的项目控制和信息资源。这些工具允许在最早的设计阶段实现虚拟的查询。

这个程序支持对程序功能、设计特点、设备操作、预算甚至灾后恢复进行"装置测试"。使用 bim 工具，将这个过程发展到多个设施的建设、分析和多个交付系统。建筑师使用这种类型的流程，能把项目进行更多元化的组合，甚至在"一次性"的情况下也能快速而高效。

初始阶段

71

在初始阶段，关键是你对项目进行正确预测。正确的项目战略和愿景是下一阶段管理和成功的关键。你要专注于把初始的错误最小化。

这种对初始阶段的关注必然是有意义的。我们开始观察别人在我们行业是如何工作的。我们从代理建筑经理开始。

想要理解是什么让代理建筑经理如此成功，我们就需要明白它们是如何工作的。我们对设计 / 建造商做了同样的评估。为什么业主愿意与工经理和设计 / 建造商直接沟通？他们提供了什么服务能得到业主的青睐？

> 根据我们的经验，业主们认为代理建筑经理（ACM）能终如一地解决他们的问题。这个道理同样适用于设计 / 建造商。他们能兴旺发展的原因是把注意力集中在业主的利益上。这些专业人士似乎比建筑师更容易控制项目。这是因为业主们相信在他们的帮助下能实现利益的最大化。

George Heery、Caudill Rowlett Scott 和 CM 的同事们在集成化实践和早期决策的重要性上奠定了基础。就是这一小群设计和建造的专业人士，他们几乎创造了施工管理专业。他们试图更正同样的问题，关注今天的业主们。通过问题的早期识别，以客户为中心的方法，他们改变了过去 30 年建筑师和承包商交付项目的方式。他们为许多业主提高经济效益。通过

72 控制风险、成本和时间，他们为那些接受新方法的人改善项目成果。

他们创建的过程和哲学给未来的集成化实践提供了最稳定的起点。即使你没有达到他们的集成化程度，你也可以帮助你的客户拥有更多确定性的成果和更有效的项目。

今天，科技让你完成只有大公司才能做的事情，这都归功于 Heery、CRS 和 CM 同事们创建的流程。

交流工具

首先，让我们来看看项目交流工具。

交流对集成化实践至关重要。没有能简化沟通并让业主早作决定的工具，就很难减少错误并使所有人都在决策圈内。我们发现这需要两个互补系统。

一种是第二代互联网主机服务——完全的基于网络。另一种是内部数据库。

真正的诀窍是统一最好的可用资源来创建一个整体软件包，使你可以轻松地管理营销材料、管理办公室的信件、管理设计过程、管理参考资料和研究、管理图书馆、管理模型服务器、执行施工（或管理施工）、管理竣工设施、帮助业主管理设施的投资。

73

美国马里兰州大洋城——草图设计原型。原型包含从开始时的可用数据。使用这些信息来帮助你的客户作出更明智的早期决策

每个项目一开始就有一个项目网站。通过这个网站进行所有的项目交流。

我们使用了基于网络的 37Signals 协作工具。我们从第一天就开始部署这些工具并使其可用于客户端和所有团队成员。我们相信 37Signals 正是我们需要的独特方法。他们的产品便于学习使用。他们意识到大部分失败的合作来自不清晰的沟通。他们使项目的沟通尽可能简单明确。

我们使用 Basecamp（www.basecamphq.com）进行项目交流，使用 Campfire（www.campfirenow.com）进行实时组群聊天。

所有这些产品都是数据库能让我们控制客户的数据。这些产品服务于真正简单的整合 74（RSS），它允许每个人都留在信息"循环"里。他们发送提醒并保持整个团队当前的所有项目通信。这种技术已经如此便宜和成熟，没有理由推迟这种级别的支持。

我们也使用 Arch Street 公司的软件 Portfolio Digital Practice Tools 作为数字化文档工具（www.arch-street.com）来管理 architect-specific 项目的文档。数字化文档基本上收集了从最初的客户联系单到竣工查核事项表的全部项目文件（信件、提送函、表格）。这就是我们最近发现的"无纸化"办公产品。不幸的是，承包商和业主仍然会给我们纸质文件，所以我们保留了几个文件柜。

市场上也有其他同类产品。然而，我们发现 Portfolio 软件在成本、生产力和可用性上有明显的优势。

使用两个数据库系统比切换到一体化数据库更复杂。经历了许多产品测试、运行成本分析、使用定制解决方案并排除虚假的宣传和承诺；37Signals 和 Arch Street 的数据库脱颖而出。现在，这是我们使用的最佳办公组合。

将来，这可能会改变。

我们只在非关键通信时使用电子邮件。没有昂贵的基于服务器的解决方案，电子邮件就不能满足集成化实践需要的通信和协作水平。电子邮件存在太多的不确定性。电子邮件会遗漏很多的事情。沟通十分重要，所以我们采取不同的方法。

集成化实践的一个真理是任何系统都不可避免地存在问题。你必须适应并填补漏 75洞。你必须使用多个系统来覆盖所有的数据。美国建筑师协会的电子合同文件和财务管理系统就是必须填补漏洞的两个例子。也许某一天会有人把一切都集成到一个真正的功能性建筑实践系统中。对我们来说，这仍然是集成化实践的圣杯。把所有的事情集合成一个简单易用的数据库，这一天终将到来。在那之前……

理解需求

分析、组织和理解的过程。

为客户的项目组成设计团队是大多数建筑师的第二天性。建立正确的采购流程对于承包商也不是什么难题。但是，有两个需要解决的新问题。

1. 显然，并不是所有的建筑师和顾问都熟悉 BIM。这将是你项目团队中的缺口。在集成化实践没有普及之前，这些缺口将是一个不争的事实。所以要在你的设计过程中解决这个问题。

2. 集成化实践创造了意想不到的需求。这些需求需要新类型的专家。然而只有少数专家能熟悉工具和流程。所以你要设计新流程以适应、训练和支持来自许多领域的专家。

无论是传统的还是集成的，对任何项目来说开始阶段的大部分工作是一样的。

76　你仍然需要签署协议、保留顾问、调查现场、审查程序并广泛地熟悉客户的项目。

当你把全部的注意力从设计项目转变成获得业主对项目的认可，事情就变得不同了。首先是关注建筑师过程，第二是关注业主的过程。

关注点的微妙变化是集成化实践的关键。你要使用各种工具来完成这个改变。

我们将在后面的章节中讨论哪些工具和流程使这一切成为可能。规则导向的系统，比如 Onuma 规划系统（OPS）就是这一领域的领导者。很少有人会使用这样的系统。

其他一些工具和程序，如 bim modelers、schedulers、spreadsheets、SketchUp、Visio 很可能已经在你的工具箱里了。所有这些工具都用于早期决策数据的开发。当我们专注于快速的决策支持，一个方法脱颖而出——思维导图（mind maps）。

思维导图是一种视觉思维方法，它能紧密地反映发生在项目早期的非正式思维过程。思维地图允许你描绘信息之间的联系。它们能精简会议、笔记和决策。它们能极大地提高你的组织能力并为你呈现复杂的管理关系。它们让你在一个相互协作的环境下组织非结构化数据、分类信息、解决问题并快速作出决策。像 Mindjet's MindManager 这样可靠的思维导图工具能简化项目规划、改善沟通并加速这个过程。

一个观念被不断重复直到我们进入下一个观念。关注业主的过程！——没有它我们的工作将无法继续。

77　早期信息的重要性

前一段时间，我们的工作是改造一个律师事务所的地下室空间。长期以来，我们已经对律师有所了解了。事实上，在使用 BIM 之前我们已经完成了对原始办公环境的内部设计。对于这种规模的项目，大多数有经验的建筑师会迅速给客户提出一个初步方案，协商一致后开始详细设计。

我们从有微妙差异的小项目开始入手。

如今我们能够完成更大更复杂的项目。我们第一次得到授权以验证新方法。我们做了一个快速的现场调研并建立一个基本 bim 模型用来作为数据容器。这个模型只不过是一个包括等候区、家具、颜色和其他项目数据的区域对象模型。

这个项目太小，很难保证模型的完整性。从这个信息，我们用参数创建了一个成本模型，把基于规则的数据保存在我们的系统中。这个成本模型能对项目的范围、数量、时间和其他客户的需求作出响应。

整个过程用了一个上午的时间。

然后我们和律师们一起坐下商讨项目的相关问题。他们理解了项目的问题和成本风险。现在他们可以根据实际情况决定如何处理问题。他们能够依据数据作出正确的决定。

他们成为设计决策的积极参与者。在他们投入资金之前，我们可以提供明智的建议。

自动化

78

许多工作都可以实现自动化。

但不是所有的事情都能自动化。集成化实践永远是以人为本。这个过程中总会有"人为干预"。自动化的过程减少了烦琐的工作让你的精神集中于关键问题。

即使是最小的项目也能通过自动化过程作出及时的决策。这是一个小例子，这种类型的活动发生在每个项目的启动阶段。

我们使用集成化的方法快速明确和组织有用的信息提供给客户。这些都发生在正式设计过程开始之前。这就是最大的利益存在。这就是我们可以造成的影响。这是我们在整个过程中可以得到的成功。

这是集成化实践的驱动力。通过一个真正的合作过程，认识到团队成员的价值，实现高效能和高经济价值。我们为业主实现战略目标，创建一个更安全更好管理的世界。

"我一直坚信，细节决定成败。"——柯南·道尔 *

79

设计阶段

用正确的数据建立原始模型

设计阶段需要能够统筹管理整个设计过程的工具。在这个阶段，你需要完善对项目信息的控制，以减少可能发生在后面阶段的重复过程。你使用这些工具会使规划和设计过程更有效率。在此阶段，你还可以定制基于当前"最佳实践"方法的项目招标文件。

建筑信息模型是保存项目信息的容器。其为建筑环境价值网络的链接。他们还为关系和过程提供联系。这些模型保存所有项目数据。

总有一天，当集成化已经普遍存在于建筑行业中，这些模型将实时反映现实世界的情况。今天，我们为未来埋下了种子。

---

* Sir Arthur Conan Doyle（1859–1930 年），英国小说家，因《福尔摩斯探案集》系列闻名后世。——编者注

今天，你建立的模型大多数需要从头开始。你创建的模型将成为永久性的项目档案。在这些档案里的信息应该是准确的。实现这一长期目标，你应该从一开始就建立准确、完整的模型。这是一个重视质量的地方。

过早添加太多的数据是不经济的。在实践中，你的信息、时间或者预算不足以在虚拟世界中重新创造现实世界。在项目的开始尤其不可能。如果你做 BIM，你的模型将永远不会完备。模型随着时间的推移而发展。设计一个系统，用"足够的"数据创建原始模型以支持当前的需要。为了当前的使用需求而添加所需的数据。仅此而已。

做 BIM 实际上意味着你必须让人们保持在这个过程中。用你的专业去知识指导过程。不要把重要的模型交给未经训练或经验不足的员工。负责人必须知识渊博，能够理解大局，然后确保正确的管理。

因此，模型的开发最好是按照一个循序渐进的成型过程，在这个过程中添加正确的数据并在适当的时间来支持决策过程。选用成熟的 bim 建模解决方案，能让原始模型变得更加完整。传统的"平面"解决方案有许多信息几乎没有得到利用，相比之下 bim 包含更多的信息。在建立原始模型的过程中逐步引进能自动化完成单调、重复工作的产品既经济又实用。

你在初始阶段创建了第一个设计原始模型。在这个基础上，原始模型有助于定义项目的范围。它包含所有的参数，为项目的成功建立了一个框架。它为决策提供支持。

随着过程的推进，原始模型越来越完整并能在设计阶段定义设计解决方案。原始模型通常包含设计／建造项目投标所需的文件数据。相比于"传统的"文件过程，这些原始模型能代表 40%—70% 完成工程的文件数据。在以后的阶段中原始模型能够涵盖设计／报价／建筑数据，建造支持数据和设备管理数据。

81　　　原始模型和智能对象允许任何级别的原始数据在系统中上传和下载（例如，你可以使用一个初始阶段的原始模型进行设计／建造的采购服务。你可以在设计阶段的原始模型上提取施工图，等等）。一个精心策划的建模过程能够消除重复性工作，因此更加经济高效。

过渡

一些权威人士表示，建筑师绝不会应用 BIM 技术。事实是，建筑师们的确不会使用"没有人工干预就能得出答案"的技术。但是如果 BIM 技术能实现重大的项目提升，得到高度改良的信息，为业主优化成果，那么何乐而不为呢。你现在就可以做到。

集成化实践最大的好处是我们可以在设计和施工过程中与他人分享数据。目前，很少有工程师或承包商能在这种环境下工作。然而，对建筑师来说也是如此。无论在哪个学科，乐于接受科学技术的专业人士太少了。随着需求集成化服务的业主不断增多和更多的专业人士去支持他们，这种状态将会改变。

现在，为集成化实践创建一个策略，你的许多顾问和承包商正在学习这个问题。在我们的系统中，我们使用三重策略来处理这个问题。

首先，使用能理解你意图的工程师和承包商。如果他们能领会你的意图那么就会随着时间逐渐转变为集成化的工作方式。他们必须愿意学习并开始改变自己。他们必须准备好采用可互操作的工程方式和现成的虚拟建筑工具。达到这一点需要与顾问或承包商建立一个长期的合作关系。这需要你心甘情愿地致力于教育和明确地定义你的需求。因为你将改变"传统"的方式，他们将不得不学习如何最好地提供输入数据并在适当的时间支持进程。

其次，使自己输出 2D 非 bim 格式的文件以支持顾问和承包商。你必须接受它。今天你可能不得不这样做。

这些文件的本质就是让工作变得烦琐。幸运的是，bim 设计工具都能胜任主要平面格式的翻译工作。这样你就失去了大部分（可能是全部）的情报。然而，几何尺寸仍然正确，工程师和承包商得到了他们工作需要的数据。bim 工具的特征是擅长将平面格式合并到文档中。平面形式的信息只能给你提供线路、几何图形和文本。他们通常不包含可互换的智能数据来进行分析和信息共享。

再次，许多建筑师和业主的利益来自把集成化实践应用于设计 / 建造方式之中。在这种方法中，表现综合视觉效果的原始模型定义了性能要求以确保遵从设计 / 建造者的意图。使用这些早期的原始模型可以测试和评估建筑理念。使用这种能力来减少或消除迫使投标人额外开支的突发事件。使用原始模型系统给设计 / 建造者提供项目建设的确定价格。

目前，很少有工程师用这种方式工作。因此，设计 / 工程师必须经常依靠性能标准，这可能无法为一个特定的项目找出理想的解决方案。这就是现阶段这种工作方法所需的妥协。随着越来越多的工程师着手开发集成化工程设计方法，他们的系统也将在原始模型上安装测试。

如果你的设计工程师不用集成化的方式工作，他们的性能标准文件将继续成为弱点。如果工程性能达不到集成化的要求，你就有责任在设计 / 施工团队中推动开放式系统的设计。

妥善管理并商定方案可以让设计 / 建造师在定义的框架内自由发挥。然而在大多数情况下，这与集成化实践的基本原则——建立确定性的结果这一目标正好相反。

我们在协助业主解决这类问题的过程中发现了新的机会。作为设计 / 建造顾问，我们与业主合作实现公共投标设计 / 建造项目的效益最大化，帮助业主减少提案中的混乱和不确定性。

在这种模式下，我们不得不重新思考很多我们曾经向咨询工程公司寻求的服务。理想情况下，设计 / 建造顾问工程师开发满足性能需求的系统，然后集成并在模型上测试它们。在实践中，我们发现这种级别的集成仍然是一个目标。我们聘请可以找到的最好的设计工程师来测试关键项目，而不是测试整个系统。

84　　　　目前在市场上有许多设计 / 施工团队不具备 BIM 的功能。把项目交给这样的设计 / 施工团队，你会因此失去来自集成化方法的长期优势。

如果设计 / 施工团队不精通 BIM，你的效益将终结于此。

在这种情况下，业主收到上级投标结果而放弃长远利益。短期收益仍然让这个过程充满价值。然而，大部分的价值来自业主的运营。

一个局部的解决方案是设计 / 建造顾问并行处理项目模型和项目记录。这种并行处理让业主保持长远利益，尽管会有额外的成本。这只是一个权宜之计。与设计 / 建造一样，你的目标应该是与团队订立合同让他们采用集成化方法。

85　施工阶段

施工阶段的关键是与项目建设的专业人士保持密切合作。

在基本层面上，目标是改善沟通和理解让传统关系更有效地工作。你可以通过改善决策、快速处理和更好的理解成本和调度问题来做到这一点。

- 如果你有一个传统的合同管理的职责，那么这个工具可以帮助你在协作中监控建设过程。在早期阶段确定的项目预算和承包商的工程分项价值表成为监控实际成本的框架。
- 在最低限度的集成化建设环境下，你要利用传统的需求在原始模型中保存建筑施工维护数据以用于管理阶段。
- 在一种更加集成化的情况下，目的是给建造者提供更高级别的支持，以提升其项目管理能力。其中包括用于冲突检查的原型，对构建制造环节的计算机辅助支持，以及 4D 和 5D 支持。

改变方式创造了新的机会。

一旦业主和承包商理解了这种简单实用的方法，他们将把建筑师带入到一个新的意想不到的角色。你可能会发现自己在项目管理中的作用。随着过程的发展，你可能从为业主工作过渡到为承包商工作。改变工作方法是一个需要你支持的新领域。你自己要站在利用它们的位置上。

86　沟通

基于网络的项目信息流管理成为施工阶段团队所有成员关注的焦点。我们使用 37Signals 公司的 Basecamp 程序来管理信息流。这种使用程度能把错误最小化并让每个人都专注于承担责任完成工作。

通过这个网站处理所有的通信流，有几个优势：

- 所有通信都标有日期。所有上传的文件都有版本要求。你能减少或消除信息处理问题。
- 任务分配和时间安排都有提醒功能，尽量减少"意外因素"。
- 团队成员的联系信息对每个人都可用。
- 实时聊天记录允许存档和在整个团队中共享对话。
- 写字板功能给你提供协作创建文本文档的能力。

　　我们知道的唯一缺点是项目沟通水平的扩展。这些问题来自那些不理解方法，或者理解方法却选择继续用他们过去方式工作的人。问题的出现通常围绕着一个团队成员拒绝分包商进入他们团队的通信工具。当这一切发生的时候，我们开始看到困扰项目多年的传统通信问题。

交付

87

　　集成化过程并不局限于单个工程的交付，它可以用于所有的交付方式。

　　来自交付方法的最大收益是允许业主、承包商和建筑师之间有更多的互动。对已完工项目最大的好处是连接设计 / 建造和施工管理。

　　连接设计和建造能便于对你的项目进行测试和验证。然后你就能以一个非常高的水平来与设计 / 建造投标人进行沟通。这可以消除许多"未知数"导致的设计 / 建造成本差异。高水平信息是业主的需求加上清晰的沟通，这是设计 / 建造项目取得成功的关键。

　　这个过程的基本概念非常类似于现在许多成功的代理建设经理（ACM）使用的方法。因为这种相似性，你会发现你可以把项目的一部分分配给更擅长的公司来完成。

　　建筑师检测成果是否符合业主的要求，利用原始模型把"未知数"最小化。然后代理建设经理开发成本模型。他们承担的职责是通过控制项目的意外事件来管理约束成本。建筑师提供快速交付流程、通信系统和设施管理支持。

运营阶段

88

　　BIM 模型与计算机辅助设施管理（CAFM）似乎是天作之合。

　　传统上，建筑和设施运营是建筑生命周期中两个完全独立的任务。我们认识到业主需要的不仅仅是规划和设计服务，还要在持续的基础上创建和照顾他们的建筑，你可以更好地服务于客户。

在这个阶段，你已经创建了高度详细的数字模型，可用于操作、模拟设施生命周期的规划。你所有的数据存储在 BIM 模型文件上，它直接链接一系列网络数据库文件，你可以访问整个建筑的生命周期。这些从多个来源得到的模型成为设施信息档案并随着时间的推移不断积累。随着设施使用数据的不断积累，模型成为越来越有价值的管理和规划工具。

问题在于如何让业主和委员会看到集成化方法的优势。特别是当你停止或完成施工时。

一些业主问道："这有什么大不了的呢？"在这些业主看来，bim 做的事情任何建筑师都可以做到，不管他们用什么方法。因为业主认为 bim 在节省成本方面很少或没有优势，所以他们没有理由对建筑师的方法进行争论。

当你把规划、设计、施工和决策放入基于网络的设施管服务之中，你就开始加入周期性的设计业务。集成化设施管理可以在很大程度上影响你的业务。

89　　业主现在可以看到直接操作的优势，这是传统方法所不具备的。业主可以看到你的方法节省了资金。业主可以看到他的个人利益。

理想情况下，通过你的协助业主能得到一个可持续的有效的方法来运营和维护设施。即使你的服务停止，业主也能轻松地运营设施。

你可以真正开始销售管理 BIM 模型中固有的信息。通过与业主建立长期的解决方案，你可以更好地运营和维护他们的设施。

长期的信息管理以支持整个设施生命周期，为业主创造提升财务业绩机会。通过这种支持使你变得不可或缺。业主为了资产的升值而存钱。

业主们可以看到为什么采用集成化实践的公司能给他们更好和更早的决策信息并节约他们的资金。业主们现在可以投入很少或没有额外成本，最终获得更高效的流程和设施。

> 不管你有多少奇思妙想，做了多少 3D 视图，多快的传递文档，总有一些业主认为所有建筑师能做到这一点。

第 4 章

规划你的未来

市场上可以买到丰富的智能对象数据库。用户可以创建过程中所需的特殊对象，就像这台 1879 年的蒸汽消防车

将技术集成到你的工作中是一个商业决策。像任何其他的商业决策一样，你可以选择做还是不做。随着时间的推移，你的决定将关系到你是否能受益于不断发展的技术。

在一个每天都需要盈利的公司中实行 BIM，需要一定程度上改变工作方式，它的效果有些难以证明。

基础设计、办公管理理念和培训都需要改变。事实证明变化能带来最大化的好处。

改变工作流程和应用集成技术是改变管理的方法。明确每一步你的期望会使整个团队协同工作提升业务效率。

在电脑出现之前，建筑师的工作围绕着信息管理。虽然我们不称之为信息管理，但这仍然是它的本质。我们不得不整理所有可能的相关数据，然后分类、过滤把它变成有用的项目信息。过去，我们使用笔记、书、名片夹和成堆的索引卡来完成这项工作。

创建一个设计方案需要管理大量的信息。你的工作高效吗？你的信息能重复利用吗？你为每个项目改造信息吗？

如果你像大多数建筑师一样，你已经花了金钱和时间来自动化你的办公室。你使用文字处理程序、电子表格、计算机辅助设计和绘图程序来提高特定任务。你训练你的员工来使用这些工具。

你关注任务自动化，但从不是从系统的角度来看集成化。用基于任务的方法，你可能最终一遍遍输入相同的信息，这是耗时且容易出错的实践。当你考虑到完全计算机化公司使用12个或多个不同的应用程序，从电子考勤表到数字图像库每个程序都有自己的数据库，问题变得尤其严重。

93　　　创建清晰易懂的信息来帮助你下决心去改变。回过头来再看"基本原则"，用它推动你的事业，定义你的业务目标，评估你的能力，理解你的客户如何感知变化的价值。

决定

你可能会也可能不会关心别人如何看待这种变化。你作出的决定会基于很多因素。一些是主观的——你想做什么？一些是客观的——你的客户需要什么？有些可能是为了更大的利益——对职业提升有什么好处？

这种变化让你为你的客户提供更多的价值。你创建一个系统，允许你使用技术来更聪明和更有效地工作。通过质疑一切来开始这个过程。

有些问题要问

- 我们的工作方式可以更好地解决客户需求和困扰吗？
- 谁将拥有我们数据库的信息？
- 谁拥有模型的版权？任何变化都涉及设计版权吗？
- 谁来管理模型？
- 谁可以使用模型数据库？
- 如果 BIM 这么好，为什么没有更多的建筑师使用它？
- 不是每个人都使用 AutoCAD 吗？还是 Revit？还是 Bentley？或 ArchiCad？
- 如果我们在设计过程中使用成本管理，我们不会破坏设计过程？
- 我们能做更好的设计和消除事后修复吗？

94　## 方法

你已经有进行集成化实践需要的大部分工具。集成化实践需要良好的业务意识。最重要的是，它需要良好的常识。

如果你没有集成化，你就是生活在一个与世隔绝的世界里。每天你都会看到已经走过这条路的人在使用这些产品。小卖部是集成的。汽车维修站是集成的。银行是集成的。集成的

美国马里兰州克里斯菲尔德——原始模型中的数据允许进行成本和环境分析。在设计单元之前，对象参数数据允许单元组合评估和分单元销售预测。可链接到 Google Earth 允许在真实环境里评估

过程影响你所做的一切。

你什么时候能改变？建筑业需要多长时间才能成为最后一个改变的行业？

你可能没有意识到紧密的集成过程充满了你的世界。最近一次买机票，你是在互联网上购买的吗？如果是这样，你就与一个高度集成的系统产生了互动。

航空公司的票务与集成密切相关。你登陆一个网站并输入几个参数——时间、地点、日期，然后回车。系统搜索你所选择的地点的所有可用的航班并给你机会调整你的旅程。系统生成报价，收取你的钱，预订你的航班，迅速而高效。

在幕后，许多系统（集成）联系在一起来实现这一点。你看不到的复杂系统跟踪成千上万的飞机，你看不到的系统在保证飞机的安全，你看不到的人员在跟踪系统选择合适的飞行员驾驶飞机在正确的时间到达正确的机场。所有你看到的是关于你当前的需求的关键项目。成千上万的系统整合在一起，让你在舒适的家中订机票。

这种系统已经变得如此普遍，这个让你思考建筑环境将如何适应这个世界。是什么阻止建筑师加入这个过程？是什么阻止他们更好地管理项目的时间和成本？

"人们需要指导更需要提醒。"——塞缪尔·约翰逊 * 博士

* Samuel Johnson（1709-1784 年），英国作家、文学评论家、诗人、牛津大学名誉博士，因编成《英语大辞典》而扬名，长诗《伦敦》是其代表作。——编者注

96 **规则导向的系统**

全面的看你的过程。随着时间的推移，作出让你更有效率的决定。

提早作出明智的决定和提高效率是集成化实践的特点。通过与客户使用相同的明智的项目决策工具，你也可以更好地决定你的生意。

在你触手可及的地方，你可以得到清楚的信息并理解设计决策对环境的影响。未来的设计师将可以访问丰富的实时设施数据并将使用基于规则的系统消除大部分的重复性工作。系统业务决策直接链接到设计过程将成为常态。

这些系统已经面世，但是它们还没有广泛使用。今天你就可以在你的办公室注册使用它们。这些基于规则的系统是经验法则的延伸。他们可以编纂关于任何学科的知识。通过定义这些知识将如何相互作用，它们能够自动完成大部分基于事实的评估以此推动规划。

今天的经济实际上在继续促进计算机代替手工绘图？

集成化实践真会提高你的工作质量吗？

使用这个方法会是有益的。让你知道什么更容易？

97 **一个简单的例子**

一个包含幼儿园教室所有组成要素的清单可以有多种形式。这个清单中包含桌子、椅子、护垫、玩具、黑板、灯具和洁具。建筑师有自己专长的项目类型。教育工作者想尽各种办法来创造理想的幼儿园。

通过这个数据库，你可以创建一个基本的参数列表，把共同设计幼儿园教室变为一项明确的规定。

数据库中保存了大量的材料和劳动力成本数据。这个数据库同样用于储存结构荷载、访问需求、生命安全需求等其他数据。也包括学生、教师、助理和家长人数等与幼儿园教室相关的统计数据。

你可以创建自己的计量标准来为幼儿园教室定义大小、形状和数量。

通过这些指标和参数列表，你可以创建一个智能规划系统来简化设计过程。

例如，你可以创建一个系统，定义每个5岁的学生需要x数量的地毯，y数量的照明和z数量的家具。

使用基于规则的规划系统来设计幼儿园教室始于一个表单，它允许用户输入学生的数量和拟建的位置。通过这两个输入的数据，系统会计算空间的大小和所有参数的工程量（地面、墙、顶棚、家具、系统设备和人工）。该系统还计算所有的成本。

通过添加智能对象来理解创建的数据，系统创建一个原始的 BIM 模型并把它上传到 Google Earth 上。模型包含所有项目的参数数据，它们组成了物理的可操作的幼儿园教室。

今天已经有这样的系统了。

决策支持

98

基于规则的系统可以帮助你真正有效地为客户提供完整的 BIM。今天 Onuma 规划系统是在线和可用的。

Onuma 规划系统（OPS）是一个基于网络的应用程序，可以帮助业主、设计师、承包商和产品制造商管理建筑的全生命周期成本。从早期的规划和方案设计到深化设计和自动工程文件输出，OPS 提供了一个直观的用户界面，允许你在广泛的行业内创建复杂的共享的 BIM。

该系统适用于所有的大规模设施项目、单个项目和建筑产品。像美国海岸警卫队（USCG）这样的企业客户都在使用 OPS 管理和维护他们的设施和基础建设，帮助他们执行任务。海岸警卫队使用 OPS 设计开发他们的区域指挥中心（SCC）以改善建筑生命周期管理和更好的资源分配。

世界上最大的物业管理者——美国总务管理局（GSA）把 OPS 列为 BIM 的指南工具，OPS 符合他们交付 BIM 的企业应用程序的标准。

产品制造商使用 OPS 来管理复杂网络环境中的产品数据。例如 Fypon 这样的制造商，用 OPS 在网络上与客户一起深化设计并通过 OPS 数据库自动生成施工图。

在经过简单培训后，你就可以使用该系统创建复杂的模型。这并不局限于大型的有组织的培训，个人可以有效地使用它。

99

个人建筑师、教育者和业主都可以使用 OPS 设计学校、住房和办公室。OPS 能为用户提供直接的益处，因为他们创建的智能化系统能与分布在互联网上的其他数据系统自动连接。

像 OPS 这样的集成化系统，允许用户获取知识并更好地了解这些知识与建筑环境的价值。这种系统给了用户理解分析信息的能力，同时保持信息连接到整体。

你可以使用 OPS 中的工具把决策与业主的业务流程相集成。通过连接设施信息（建筑条件、可用空间和物理属性）和业主的预算、人际关系和维护计划流程，帮助你作出决定。你不再需要依靠不准确或不完整的数据，依靠的是事实和清晰的理解。

BIM 的主要好处之一是更早、更明智的决策能力。然而，没有信息共享和访问数据，这种好处就无法真正实现。

OPS 不但能链接一个领域内的知识而且能链接整个行业的知识。这些链接并不明显的，通常这些数据源也不相互联系。然而，该系统能够改变信息的形式事实帮助你理解和使用。这个系统可以智能的构建数据源允许你与现实世界实现整合。

100　用每一个项目建立知识数据

OPS 首次支持美国海岸警卫队的项目。

这些数据和联系被调整以满足美国总务管理局对 BIM 指南的要求。

这个系统进一步发展支持把 GiS 和 BIM 数据与 Google Earth 和开放地理联盟（OGC）链接的标准。

开发一个开放的网络服务架构用来交换 BIM 和 GiS 数据是一个史无前例的壮举。

全世界的地理学家和建筑师汇聚一堂。曾经在地图上的小黑点现在变成包含一切建筑信息的完整代码。他们不再是一张纸上的几何形状，他们是 BIM。一切都是地理坐标。这种融合对我们未来的设计师规划建筑环境有巨大的影响。

OPS 是一个基于网络的桥梁，让两个世界之间的数据共享。通过这座桥，智能化系统可以成为地理空间应用程序的一部分。他们可以分享并整合这些信息。OPS 的网络特性服务（WFS）使用 BIM 和 GiS 数据随时准备处理和评估其他基础设施。这种在两个建筑之间共享信息和 GiS 数据的能力是一个模型转变为集成化实践所必需的。

现在你有能力使用像 Onuma 这样的规划系统来集成 BIM 和 GiS。

BIM 和 GiS 的融合创造了一些机会。

101　Keyhole 似乎是一个奇迹

这是我第一次看到 GiS（地理信息系统）的可视化地理数据。我可以在不知道任何关于 GiS 知识的情况下浏览一个网站并有所收获。

唯一的限制是你要成为联邦政府的一部分才能使用。

随之而来的是 Google™。

Google 在 2004 年收购了 Keyhole。Keyhole 成为 Google Earth，这一切都好。看起来地理和建筑终于走到一起使大 BIM 成为可能。然而，这美好的发展被深埋在黑暗的秘密中，可能会停止进步。

秘密围绕着一个简单的问题——"谁拥有信息？"

信息专利会破坏整个系统，需要一种方法来确保信息仍将是可用的。需要标准……不是 Google 的标准而是与公众共享的标准。

没有这样的标准，Google Earth 仍将继续是一个非常酷的工具。而有了这些标准可能让 Google Earth 成为新商业方法的基础，让我们实现真正的可持续发展。

2008 年 4 月 14 日，Galdos 系统公司董事长兼首席执行官 Ron Lake，宣布开放地理联盟（Open Geospatial Consortium）（OGC）采取了 KML（Keyhole Markup Language）作为 OGC 的一个标准。这个声明给我们提供了信心。

我们现在可以创建和共享地理信息，这直接关系到设计和施工过程。我们现在知道，我们有一个可靠的和可重复的方式沟通和收集信息。

这一切都是由于一个开放的标准，使一个非常酷的产品更酷。

自动化设计

102

创建一个定制的系统来自动完成许多设计工作。在强大的数据库中使用参数和视觉图像，可以快速评估多个复杂的设计问题的解决方案。链接你的网络服务数据库支持自动设计。获取的知识让你与众不同。

自动设计与仪表板视图结合的集成数据允许你交互并实时作出决策。一个简单的、直观的用户界面允许你调整过程，不需要没完没了的软件技术支持。

美国海岸警卫队使用自动化设计加快任务。他们的部门指挥中心证明，可以将设计直接与业务目标绑定。这些项目要求由用户输入建筑、空间和家具级别并自动化过程生成 BIM。同时满足到商业需求和任务要求。

综合采购和供应

在对象数据库中创建家具、设备和材料并把他们链接到库存和采购计划中。现有的制造商数据也以同样的方式输入和使用。然后供应商使用集成式数据自动生成施工图等。现在，例如 Fypon 等制造商正在使用这种 OPS 方法。

自动化的施工现场

BIM 工具有能力支持开放标准和通过网络服务链接分布式系统，允许多个解决方案和建筑工地自动化。

103 智能设备操作

依赖设备状态信息和任务措施来预测何时何地消耗资源以更好地支持任务要求。

生命周期管理和信息集成

通过存储获取的知识可以为新员工提供可靠的历史数据。否则会因退休或离职而失去有经验的员工。

最高形式的信息集成是一个直观的用户界面，允许你的员工自己学习如何使用这个系统。员工与工具交互时，系统自动适应他们的需求。

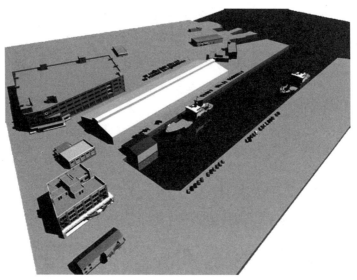

华盛顿州西雅图——已竣工的设施模型。BIM 是多设施复合的理想选择。通过把实际情况归档，业主可以更好地评估他们的业务流程。随着时间的推移，这样的模型形式是完全集成的 BIM 的基础

第 5 章

指引你的七个步骤

现在先驱者们生产的系统，允许你工作和使用基于规则的 BIM 系统环境。随着这些系统越来越多的推出和成熟，你可以实现那些曾经的梦想。为了使这些工具发挥最大的作用，重点在改变以下的业务方式：

1. 要有自我意识——知道并真正理解你是如何工作的。

2. 崇尚"快速失败"的哲学。持续前进而不是纠缠过去。

3. 比别人更早的投入一个更具协作性的工作方式。

4. 使项目前段的知识和生产力的最大化。

5. 调整费用结构。

6. 管理责任。

7. 通过提高生产力来提高你的底线。

这些步骤定义了一个实践哲学，使综合实践成为可能。接下来，我们将详细说明每一步。

读了本书就意味着你已经意识到赶上发展趋势几乎是不可能的，除非你开发一个新的实践模式。

在 20 世纪，建筑师开始专注于设计阶段，这与其他领域有一些重叠。这种专注创造了一个循环的业务流程。在过时的设计流程中工作，会使建筑师迅速失去作为建筑环境领导人的角色。业主要求建筑师改善他们设计和管理项目的方式。

1. 自我意识

了解自己，了解你提供服务的业务是成功实现集成化实践的第一步。

先要理解你的设计过程。

传统上，规划、设计、施工和设施管理是建筑生命周期中完全独立的任务。从业主的角度看，这些分离的任务常常导致额外的成本和效率低下。

想要真正实现 BIM 方法，就意味着理解自己的设计过程。最近建筑师们对建筑信息模型的看法有了改变。一些人认为建筑师是保证业主收益的一个主要因素。在很多场所建筑师被视为 BIM 部署和实施的主要阻碍。

107   将技术整合到设计业务中，需要学习管理变化。怎样处理人员、客户和顾问配合 BIM 变化过程并建立一个以信息为中心的世界。需要改变业务和设计流程，承诺接受新技术和更多的责任。

创建一个新的业务方式，意识到你与他人的相互联系。让自己以一个领导者的身份在这个新世界中提供价值。扩大你的视野，使之符合建筑行业的标准，为今后的工作选择正确的方式。

你的工作方式

首先，看看如何设置项目和如何生成设计方案。了解你的技能和缺点。

其次学会质疑一切，钻研他人用过方法。把一切都分解成最小的组件，用这些组件创建你的流程为自己工作。你将为你的公司定制流程，利用自己的优点并克服缺点。

通过了解你的工作，建立一个框架以最适合你的方式集成技术。通过完善你的流程，今天你就能从最好的工具和高性能的处理中得到实实在在的好处。

我们发现 Mindjet 的思维导图软件是记录和沟通这种过程的最理想的媒介。你对自己处理片段的数据，发现组织模式。你可以集思广益绘制自己工作的引导图。

108   当我们开始探索，我们发现我们自己学习约束理论（TOC）。1984 年，Eliyahu Goldratt 博士把自己的目标从物理学家转为商业顾问。他认为任何业务可以通过应用科学的方法来提高其底线并解决组织问题。Goldratt 认为每个业务有一个约束，限制了其完成的能力。通过管理这个约束，可以克服提高生产效率的障碍并得到积极响应。

管理限制

关于如何开展你的设计业务会有很多限制。通过识别和正确的管理这些限制，你可以管理任何复杂过程。

TOC 把一个组织作为一个系统而不是作为一个结构层次。使用这个理论能解释建设机构如何进行管理工作。这也是近年来丰田的巨大成功背后的主要驱动力。TOC 的许多管理方法如今的效果都很好。

决定如何管理这些限制对你的成功至关重要。这似乎太简单了。

学会理解，如果你试图控制一切就不是真正的管理。你需要专注于你的权限范围内工作。

质疑一切并找到限制，这决定你的表现。　109

- 你如何决定该管理些什么？
- 你有提高管理项目以及开发设计方案的能力吗？
- 如果限制你流程，最终设计的质量是否会受到影响？
- 哪些限制管理流程更有效？

我们认为哪些不受限制管理的建筑师创造了多不规范的文档、成本超支和其他近年来被业主提到的问题。不受限制管理，即使正常项目管理控制他们会出许多问题。

适应性重用，马里兰州安纳波利斯，1994 年。适应性重用项目的设计和建造使用成本约束管理和虚拟建筑模型

你可以控制设计和施工过程的管理限制。这个过程分为四个步骤：　110

- 运用 TOC 的第一步是识别约束的过程。最关键的是哪一个约束？

- 第二步是你将决定如何向你的目标使用约束来提高性能。
- 第三步是使重视约束——将它集成到你的工作过程中。
- 最后一步是使简化约束，使其成为日常工作过程的一部分。

管理整个流程的成本约束。通过管理成本约束你的收获会以积极的方式改善。管理成本约束工作 20 多年了！你可以问任何一个成功的施工经理。

在探索中我们发现，一切形式的成本是当今建筑流程的主要约束。我们认为，管理成本约束是一个最重要的变化，你可以改善为客户提供的支持。

2. 快速失败然后继续前进

世界每天都在改变。每天你都能看到新技术、新思想和新方法。这些变化使事情发生得更快。他们让你接触到更多的人。他们把我们的世界分裂。

111　　有些改变是好的有些是坏的，轻易地增加了复杂性。在这种环境下，你必须是一个终身的学习者。不断探索和评估新技术和新方法来提高你的业务。

作为一个规则，人们认为任何新技术应该在使用之前进行全面测试。然而，在当今迅速变化的世界中这并不总是真的。今天你应该尽快探索尽可能多的选择。你正在寻找最优的工具和方法来在每一个任务做最好的工作。你探索尝试新事物并抛弃那些不好用的方法。

当你完全测试每一个工具，你会发现自己不断后知后觉。最好是创建一个系统，允许你快速评估一个新工具。如果它可用就考虑推广，如果不好用就转到下一个可能性。

在这样的环境下你需要最有效的利用你的时间。这并不意味着你可以把所有事情交给下属去做。一个集成的过程需要积极持续参与，而你是最有资格的人。你可以委托一些任务，而不是撒手不管。

你的公司应该建立一个功能完善的核心工具。

你不需要成为会使用任何工具的专家。建立详细的模型、添加数据、制作招标文件等所有任务可以分配给其他人而快速的概念化设计很难分配。综合的能力和经验是至关重要的。为此，设计师必须使用这些工具。

112　　本书反复提出的建议是 bim 建模工具最适合你。这有几个原因：

首先，使用何种建模工具是一个非常个人的决定。你要选择舒适的适合创造的工具。早期的决策要求你尽快创建可用的数据，为获得集成化实践提供帮助，你要熟练地使用这些工具进行设计。

其次，使用其他工具创建模型的高级设计师是很明显的例子。对大多数公司来说，这种方法稀释了公司和他们客户的价值和效益。

再次，别人会认为是不同的。然而，你应该学会自己动手亲力亲为。今天，太多的高级建筑师完成了一场精彩的游戏，希望员工能算出来足以让他们的客户感到满意的预算。花时间学习使用工具能让你把设计概念化。

测试

忽视炒作忘记营销，抛开你的偏见。在这个领域，品牌的知名度的意义不大。任何工业行业基础类（IFC）认证的供应商都可以卖给你一个 bim 的解决方案。供应商开发各种类型的策略让建筑师购买他们的产品。从赠送免升级 BIM 产品到订阅服务。这些对你的决定都不重要。如果软件没有改善你的工作你就不应该购买它。

bim 软件产品的成本证明 12 个月的试验是一个错误。这种试验可能是一个痛苦的经历。　113 许多公司试图基于原有系统实现 bim 工具，这不是最佳结果。事实上，这取决于你如何定义这个词，很多人都失败了。

找到一款产品能让你尽可能容易和有效的工作。不要仅仅因为它是在市场上占主导地位的软件工具就轻易地使用。今天，有太多的可行选项，那么为什么限制自己呢？我们的目标是生产和使用工具。

找到合适的产品可能需要经历一些测试和错误。然而，这个测试可以很快发生。可以用以下的方法来测试新产品：

预留三天尝试一个主要的新产品

第一天，跟着产品教程一步一步学习。此外，参加注册供应商的为期一天的课程介绍。这相当于电脑的"用户手册"。

第二天，开始一个新项目。这个项目应该是你们公司所擅长的，而不是一个新的设施或改造。项目应该是真实的，而不是教程上的。不要选择过于简单的项目。你需要一个真实的测试。

第三天，你的模型应该包括地面、墙壁、屋顶、门、窗户、楼梯、卫生间、厨房设备和一个基本的地平面。最低，你应该生产渲染的图像、情况介绍计划和立面图。达到让客户满意的水平。

114   你还应该提取所有区域的空间参数包括门、窗户、墙壁和屋顶表面。一些建筑师也制作虚拟现实模型或在如"绿色建筑工作室"这样的网络系统上测试他们的模型。

    你已经创建了你的第一个原型。你经历了三天的锻炼，应该有所收获。如果你满意这个产品，那么它就是适合你的建模工具。如果第三天你不能达到这种级别，那就试一试另一个建模工具。

结束为期三天的测试，你应该能创建一个类似或更好的模型！

    用你熟悉的项目类型作测试。关于更多的项目类型，你通常可以改变规模大小。在大多数情况下，你不要想在学习一个新建筑类型的同时学习一门新流程或程序。

    人们设计门厅、小房子、牙医办公室、消防站、中高层的办公楼、酒店或其他可重复的类型可以用于测试模型并把得到的结果用在一个更大的建筑中。

    你应该关注的地方是模型中输入了多少细节。任何人都不会一开始就学习 100 万平方英尺的会议中心的建模。然而，通过工作的详细分级，很多区域允许你快速建模，这应该是可能的。就像在传统的设计过程中，你应该从广泛的概念转向具体的细节。如果你在几
115 天内勾勒出会议中心，那么这个项目同样应该适用于你的训练——假设你知道这是个冷门的项目类型。

    你建立的项目应该与你所做的事相关。否则，没有训练的价值。高级设计师在这方面的水平很可能会比实习生高。学习如何创建一个概念模型，可以比用绿色建筑工作室或其他分析工具产生更多有价值的数据。这可能只是需要得到一个高级设计师的帮助。

    每一个练习都会有所不同。我看过的最有说服力的练习范围包括：

● 让建筑师实习生给一个 20000 平方英尺的成人医学日托中心部分做完整的概念设计。第一天早上，她参加培训。第二天，她是苦思冥想。第三天，她作出图像和一个虚拟现实模型展示给客户。从此她参与项目的开发并在短期内完成投标方案。

● 一个有 20 年经验的施工经理 / 高级建筑师经历了一天的软件入门课程。第二天他开始设计

一个 15000 平方英尺的商场。第二天，他的建筑模型能够产生传统图像和正交图像提取的详细参数并开始在成本估算中使用。在三天测试的两周后，他自己完成了全部设计文件。

3. 招募人员

116

集成化实践围绕两个主要技能——团队合作和善用资源。

你与很多不同的人一起工作。你会感觉自己像一个管弦乐队的指挥，要协调顾问、员工、承包商并负责解决项目遇到的一系列问题。为了所有的人都能获得最好的回报，你们团队的目标是集成化实践。当你的团队协同工作肩负重任时，你的价值就会提升。

这就是所谓的社交网络和关系管理，弄明白每个人都能提供什么价值。知道你的网络中每个成员，如何配合才能帮助整个团队。

你可能有一群同事，可以在紧要关头依靠他们做一个好工作。你知道如何利用他们的时间，知道什么事他们可能会感兴趣，知道如何与他们一起工作。集成化实践可以让他们更近，扩展你的价值网络。

在一个集成的实践环境中，你的态度是如果一个团队已经失败了就不可能成为一个成功的团队。鼓励每个人，让他们都意识到自己的全部潜力。

招募人才，富有远见，成为业内领军的机会将成倍扩大。

> 真正的团队合作的基础是你对人际网络的管理。清晰的沟通能确保你和你的网络有效地发现价值。通过努力找到共同目标、共享信息和诚实的工作，在这个过程中你可以成为一个领导者。

成功地实现集成化实践意味着你与你的员工、顾问、供应商和客户要共同努力，他们能 117 充分理解你指引的方向。他们将学会用长远的眼光来看问题，成功就会属于你。

4. 前段最大化原则

要知道你工作在这样一个高度相互关联的世界中。由于这些联系，你有能力去影响遥远未来的事情。

你可以改变做事的方式以增加未来成功的机会。你可以创建流程，减少未来的问题。或者，你可以继续走老路，让业主为成本烦恼。

让约束管理你，而不是靠欠佳的设计、成本超支、延迟完工来催促你。放下你的恐惧和担忧，开拓更广泛的视野。利用技术来提升你的项目，提供更好的价值。

在任何建筑过程中都有很多限制。如果你试图管理它们，最终可能会管理不了多少东西。利用约束理论的概念，你会发现如果管理成本，你可以用积极地以业主为中心的方式控制下游工序。

你可以使用成本变化曲线来解释为什么在项目后期更改比早期更改的成本高。

> 弗兰克·劳埃德·赖特＊说过，"最大的局限性能使人们变得高贵。"

118　　显然改变浇筑后的混凝土比改变建筑师第一次的设想更昂贵。对于建筑师而言，这个简单的事实是集成化实践最大的好处来自调整设计和生产过程。

传统工艺的费用

当你计算出成本变化曲线之前，有许多机会开放思维。让我们考虑这样一个假设的过程：

1. 你审查业主的项目和发展概念。你每平方英尺的成本报价并不比业主开发项目的预算更准确。方案设计阶段使用 10%—15% 的费用。

2. 然后开发概念来定义系统。这是一个标准的流程中你该做的第一步。你深化设计，你的工程师创建完善系统。你细化每平方英尺估计售价。开发设计使用 15%—20% 的费用。

3. 然后绘制施工图。建立在前两个步骤之上过程相对平稳。往往这就是你和业主在项目详细上作出大多数决策的地方。有时需要在工作的第一步进行重大改变。这个过程快结束时，基于单位成本和工程量开始准备你的第一个估价。建设文档使用 30%—45% 的费用。

119　　4. 然后你把设计图纸打包并开始承包商的投标工作。在这之前你几乎没有与承包商接触过，你的工作是在办公室打赌看谁猜的价格最接近。采购使用大约 5% 的费用。

5. 最后，你接受报价。他们的报价可能是高可能是低。共同的观念认为，他们的报价通常是高的。如果报价太高，你与承包商合作要压缩成本重新找工程师但却没有得到多少回报。你重新设计没有减少额外的费用。你有 15%—25% 的管理费用问题由这些事后的变化引起。

这个场景有什么问题吗？业主在问题发生之前先向建筑师付了 3/4 的费用。业主在招标或其他开发的问题发生后承担了项目成本。

业主又开始想知道为什么建筑师不像刚见面时那么聪明。从集成化实践和最佳的成本变化曲线的角度看——所有的事都是错误的！

＊　Frank Lloyd Wright（1867–1959 年），美国著名建筑师，建筑作品及著述颇丰，倡导有机建筑与自然风格，他设计的 "流水别墅" 更是经典之作。——编者注

在下文中，我们看看如何从细节改变这个过程：

在项目开始时使用 BIM 和你的知识库。尽可能在过程的早期做决定。从一开始就使用建筑信息模型设计构想。

现在你可以得到可靠的早期信息来进行管理成本。用你的建筑信息模型针对早期的项目问题与供应商沟通。定制满足业主需求的采购计划和最高效的交付过程。　120

你的费用分配变化。业主有更多的确定性的结果之前就会支付大部分的设计费用。

相同的场景现在让我们看一个集成化的方法。我们将看看在一个集成的过程中你的费用如何改变。

> 作为一个年轻的建筑师，如果你希望有所收获就必须匹配工作可用的费用。当项目成本交付超过项目的费用时你就有大麻烦了。
>
> 建筑师有时会忘记这个简单的等式，因为它们第一是建筑师，第二是商人。有时设计过程的价值比别人做得高很多。

5. 费用改变

121

建筑师的工作有时会陷入困境。

* 他们花费过多时间细化设计，这削弱了他们作详细说明和施工文件的能力。
* 他们专注于美学却忘记了回答多少和多少钱的问题。
* 他们自我欺骗，相信自己明白业主想要什么，明白如何提高施工效率。

传统的五步过程限制了建筑师的能力。这个过程充满了互不关联的任务和重复的工作。理论上，这个过程从一种方法到另一种方法，在建设中完善细节。事实上，这是效率低下难以处理的。

如果你退一步，看看优秀建筑师的品质特征，比较他们的品质特征就会明白传统设计过程的问题主要是失调。传统的过程就像一个装配线——靠一大群的半熟练工人运作。

集成化实践是一个非常不同的方法。

* 它更紧密地符合建筑师的特点。
* 它能减少或消除重复输入。
* 它最适合那些可以合成的复杂数据。
* 它减少了目前困扰建筑师的工作流的问题。

122

- 它使设计师专注于设计，是获取知识的工具。

在最后一章中，我们看到你在传统过程中如何分配费用。而在一个集成的过程中你的费用分配是不同的。每个项目基于实际工作量分配费用。在一个集成的过程中，你更多的关注设计过程中的早期步骤。

调整你的费用百分比使之与工作量相匹配。这使得在前端费用更多。

> 总的来说，集成化的项目费用已被证明是小于或等于"正常"费用的。然而，他们已经提前发放费用。
>
> 经验表明，业主高度重视过程中实施决策。这些过程使业主更自信并明确他们的项目将如何发展。
>
> 通过构建自己的过程并领会这种价值，你有机会创造额外的服务。至少，你有机会关注项目的方向。你也有机会确保把你的服务建立在最准确的范围上。

123

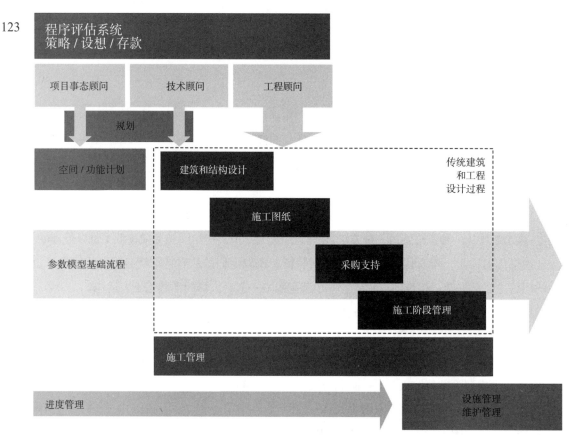

集成化实践和 BIM 关注即时决策来提高可预见性和给客户更有保证的结果

集成化过程的费用

为了说明你可能遇到的收费结构，考虑另一个假设的过程。这个过程是这样的：

1. 你进行一个验证研究。在学习的过程中，你分析需求和目标并创建原始模型，准备总体计划和项目策略，准备成本模型，运行太阳能、可持续性等分析。然后你花时间与业主审查所有这一切。你编制文档并将它们嵌入的决策模型。验证过程使用 20%—25% 的费用。

2. 你开始为原始模型添加细节深化设计。另外，从头开始一个新的模型作为设计控制。从这个模型，你几乎可以提取想要的任何图形，并且嵌入顾问数据。你提取视图来创建桥接设计 / 建设招标文件或准备下一步更详细的模型。细化成本和分析。概念原型过程使用 20%—25% 的费用。

3. 如果建设是通过公开投标总承包商采购，你在原始模型中添加更多的细节以提取施工图。这个模型的大部分工作涉及制表整理并进行质量保证的操作。你细化成本和分析。建筑原型使用 20%—25% 的费用。

4. 然后把文件和投标工作交给承包商。因为从一开始你已经与业主和承包商共享了所有文档，你清楚地知道你要做什么。你可以专注于应对所有的问题，避免出错。你的目标是消除所有的不确定性。采购使用大约 8% 的费用。

5. 最后，你接受的报价还是市场主流的。然而，现在你已经分析测试和验证了所有可能的问题和大多数的突发事件。经验表明，你的报价将在第一步 5% 的预算中进行验证。你现在有 17%—27% 的费用来项目管理。

这个流程把重要决定放在项目开始。集中你的精力创建正确的解决方案并合理分配资金来支持你的工作。

这个流程给了业主高度的确定性。至少，它比传统的流程在建设过程中保留尽可能多的费用。把你的创意能量集中在早期的正确决定以减少下游的问题。你变得更关注设计而不是生产。这个自动化的工具让你做最擅长的事——设计和解决问题。

6. 管理责任

未来的完美世界中，建筑师可以轻松的设计和解决问题。建筑师和工程师不会争吵和对簿公堂。每个人都很和谐，共享数据不必担心知识产权，没有什么是被浪费的。

是的，没错！这是不可能发生的。

事实是，你必须工作在一个使用传统交付过程的环境中，你的软件系统和方法会导致不信任和对抗的关系。建筑师们不得不时时刻刻思考他们该做什么。每个项目阶段是独立的。每个人都专注于避免风险。

我们都知道，任何新的流程都存在风险。如果你要避免它们，就应该使用集成化设计和BIM。不论你喜欢还是不喜欢，建筑业正在改变。你可以主动顺应改变或者去找其他事做。

> 英国前首相哈罗德·威尔逊 * 说过"拒绝改变的建筑师是迂腐的。唯一拒绝进步的人类机构是墓地。"

126   你可能已经面对这种变化。否则你为什么读这本书？如何保护你的资产，你的好名声和你的家人，是你前进时要考虑的。

需要回答的一些问题包括：

- 我的职业保险是否包括应对潜在风险和这种行业变化？标准化的协议中是否包括这种变化？
- 我们是否负责提供集成化实践改变的标准？
- 当我们的模型中输入了不正确的数据，会发生什么？

谁为不正确的信息和风险负责，当不清楚谁创建了数据（或造成了问题）那么风险是如何分配的？

- 我怎么能在整个项目团队（包括业主）公平地分担风险？
- 什么信息是所有的团队成员共享的？
- 我载入的信息和决策会曝光吗？

传统流程最大的优势就是有据可循。你知道如何反应，因为大多数问题已经发生过。你也知道，当有人控诉时，你的保险公司和律师会知道如何应对。自从这个新系统到位，你可以像往常一样继续工作，让别人来处理这些问题。

如果你继续坚持传统方法，照常会有重大问题发生。许多业主都说，"受够了。"

127   借用艾尔伯特·爱因斯坦 ** 的话——"疯狂就是一遍又一遍地做同样的事情却期待不同的结果。"

---

*　Harold Wilson（1916-1995 年），1963-1976 年任英国工党领袖；1964-1970 年、1974-1976 年曾两次出任英国首相，著作有《新英国》等。——编者注
**　Albert Einstein（1879-1955 年），犹太裔物理学家，因提出"相对论"享誉世界。——编者注

继续像往常一样，你将继续出问题。只有通过主动改变，你才有机会让公司发展得更好。

世界正在远离*等级制*和*限制合作共享*的模式。提高信息流和创建可持续环境是一个更有价值的流程和系统模式。

不仅在建筑行业，这种变化无处不在。有效地工作在这个新模型中，不再区分彼此。

现在的工作流程为什么会让你承担不必要的风险？传统的竞标过程是一个很好的例子。在公开的会议上你把主动权交给低标价的承包商。这些承包商的商业计划很可能出错、遗漏或不明确。因为这些重要的文档是有缺陷的，所以会发生额外的成本和其他问题。业主会心烦意乱。

这是种典型的情况。你处于风险之中。如果你意识到了这个问题，你就能依靠保险来保障你的利益。

你有其他的选择。你可以作一个有商业意识的决策，会有更好的结果。你能理解流程中有哪些瓶颈和冲突。你可以想出策略来降低风险。保险是必须有的，但现在的你变得积极主动。

> 在 2007 年，斯坦福大学综合设施工程（CIFE）的 John Kunz 和 Brian Gilligan 关于 VDC / BIM 的使用价值调查情况表示："3/4 的受访者认为虚拟设计能降低施工风险。"

128

积极主动是集成化实践优越性能的基础。

集成化实践商业模式必然会产生新的风险。通过积极管理这些风险，你会更有价值。你的注意力从恐惧和规避风险变为风险管理和风险分担。

管理风险和分担风险需要你理解围绕风险管理的棘手的问题。

● 它需要你发展可信任的顾问愿意帮助你作出明智的决定。你必须比以往任何时候都更需要保险公司和律师。

● 你需要积极与你的顾问、承包商和客户关于风险进行沟通。

● 它需要你管理业主和承包商的预期。期望创建一个完美的建筑信息模型管理设计。

你的模型允许更大的一致性并符合标准。他们能很容易地找到并解决冲突。通过现场解决问题，你可以持续工作并通过减少设计错误避免诉讼和索赔的风险。通过快速发现问题，你减少了可能发生的意外后果。

通过更多的合作创造更多的确定性的结果，通过你的改变减少投标和施工期间进行修改和意外。

129 　　你改善项目，减少了昂贵的变更费用和索赔。经验表明，当你承担责任掌控全局，风险就会降低。

　　应该朝着整个团队共同承担风险的管理方法前进。业主、建造师、顾问和供应商应该理解这个问题。当项目基于努力和回报公平的分配风险，工作会更顺利，问题会更少。

　　不要因为行业的现状就停滞不前，要积极主动引领潮流。当业主知道你正在努力解决他们的问题，一切就会变得更好。当你深入思考交付过程，承担的额外责任也会变得更少。

　　积极的风险管理方法是问题最小化的最佳途径。在一个集成化的项目中，这是非常必要的。

　　要意识到这是一个不断发展变化的问题，需要不断修正方向来管理风险。随着集成过程变得普遍，许多问题将会解决。有一天，会有在这种环境下如何应对问题的先例。

　　请记住，你需要用这种心态管控业务的各个方面。例如，在一个集成化的练习中，无论在任何时候你不能允许软件取代专业判断。

　　如果你允许基于规则的规划系统"控制"一切，那么你就放弃了责任。事情将开始向不好的方向发展，你会错过关键问题。

130 　　重点是需要有经验的设计师从第一天开始就参与这个过程。在一个集成化的流程中，知识渊博的设计师必须统揽大局，他们必须把概念设计植入软件。不要把这些早期的关键决定交给没有经验的员工还希望最好的结果。

　　自始至终注意细节。

　　　　公元前 6 世纪中国的老子说得好——"成功需要始终如一的谨慎态度。"

7. 提高生产力

　　大多数建筑师在小公司工作。

　　在美国建筑师学会 2006 年的调查报告中发现 58.3% 的建筑师在员工少于 50 人的公司工作。

　　然而，只有大的公司才会关注 BIM 和集成化实践。由于这个原因，许多小公司质疑集成化流程的价值。这个流程似乎远离今天的现实。这是一个有吸引力的主意，但是对于许多小公司很难看到什么利益。

　　如果你相信炒作，似乎 BIM 只适合大型的高价值项目。没有什么可以掩盖真相。其实小公司已经使用 BIM 盈利超过 10 年了。

131 　　集成化实践能为所有形式和规模的公司创造价值。重点是贵公司定制的工作流程。不依赖于任何"一刀切"的方法。不依赖于一次性解决所有问题。

　　你不需要与承包商集成也能为业主提供好处。你不需要等到别人完成一切。

大公司可能有劳动力和金融资源来整合一切。他们可能有信誉说服跨国软件开发人员使用他们作为"测试"。

如果你是一个小公司，你同样可能没有支持。不应该阻止你做你可以做的事情。它不会阻止你使用技术，改进流程为你的客户更好的工作。

> 还有其他几个有趣的保险调查统计数据。你知道大多数建筑师认为规划、初步设计和施工是他们的业务中最有利可图的部分？你知道无建筑设计服务是工作中罕见的？
>
> 此外，基本设计服务是最赚钱的。你的公司符合这些特点吗？如果是这样，集成化实践为你提供了许多机会来提高你的价值。你可以认为这是一个过程，是早期阶段盈利和提高你的构建阶段的结果。
>
> 它可以让你专注于设计。

阅读这一点，你就可能开始感觉为什么 BIM 和集成化实践将改善你的工作流程。

集成化流程为规划和初步设计提供即时结果。使用 bim 工具和改变你的工作流程是一切的基础。只要你选择开始这一步，就能以最佳的方式进行你的集成化实践。

当业主理解并接受集成化实践的价值，它将变成一个开拓市场的利器。

132

现在，这是可能的

丰田和福特汽车之间的关系是可以隐喻现在影响公司的变化，专注于建筑行业。

福特公司成立于1903年，创建了使用非熟练劳动者进行标准批量生产。第二次世界大战后，丰田是为没有钱的年轻人进口的一个廉价品牌。

前进到 2008 年，丰田是汽车行业里最大的公司。福特汽车正在调整，放弃无利可图的和低效率的车型，关闭设施巩固生产线。福特关注的是如何迎头赶上，这要求他们做出重大改变。

丰田在 2004 年首次超过福特的收入。今天，丰田在全球范围内设置标准限制其他汽车制造商使用混合动力技术。消费者认为丰田性价比更高燃油经济性更好，质量更可靠。是什么改变了这一切？

133

> 托夫勒（Alvin Toffler）是第一个推广"大规模定制"和"即时生产"概念的人。

丰田生产系统（TPS）推动丰田成为世界领先的汽车制造商。TPS 是丰田的 DNA。它是嵌入一个企业的信仰体系，力求一次把事情做完美。

消费者驱动 TPS。它关注减少浪费和不断提高工作流程。TPS 能建立长期关系。最重要的是，它反应快速。TPS 集成了许多信息化的技术。

丰田汽车使用这些概念创建集成化流程，改变了制造业的概念。今天你可以把颜色和配件输入模型创建一个新的丰田车；接近融资；开始安排你新车的投产和运输——这一切你可以在家里舒适的躺椅用无线笔记本电脑完成。

这就是集成化。不再是设计、生产、销售和消费者分离。集成就在我们的身边。我们可以做同样的事情。很快我们将做出更多产品甚至是建筑。

你需要理解理论以此推动今天的成功流程。如果没有这个背景信息，你可能会发现自己在做无用功，投入大量的时间却发现你再重复失败的过程。

134　　　问题是：丰田为何如此成功？退后一步，看看丰田的流程是如何工作的：

- 最好是先看他们的流程有什么特别之处。从实际出发理解理论。
- 为什么 TPS 很好用而建筑师的工作流程似乎落后了呢。深层的原因是他们的过程。是什么让 TPS 成功？
- 探索他们的想法并融入你的流程是最好的方法。
- 了解丰田如何实现集成化排序、生产和交付。这个过程包括许多相似之处，可以提高你的业务。

丰田生产系统应该给你很多想法。许多概念直接适用。最大的启发是 TPS 不是独立的各个部分，而是在整个流程中。因为 TPS 从上到下贯穿于丰田的一切工作。

这是可用的例子。

你可以集成建筑实践，与业主、你的员工和顾问共同制定战略。

改变不需要的"流程再造"。从现状出发，不需要彻底重新设计。

如果你目前的生意成功，不要放弃你有的东西。保持良好的业务并对其进行集成化实践修改。认清你的现状，朝着集成化实践的目标迈进。

135　价值驱动变化

把丰田的概念直接应用于建筑环境的系统和流程。TPS 系统围绕这些基本价值观：

- 用长远的眼光来看问题，即使它会影响短期收益。

- 减少人力、生产、资源和精力的浪费。
- 即使规模小，也要效率最大化。
- 快速而有效地产生许多不同的产品。
- 质量是首要任务。
- 授权人们达成共识和快速决策。
- 重视组织和控制。
- 利用技术来服务人和流程。
- 培养领导者成为终身学习者。
- 团队的成功是方法的成功。
- 分担风险、成本和信息。
- 根据证明结果作出决定。

　　TPS 的经验是许多正确的小步骤集中到一起将产生重大影响。任何人都可以停止流程纠正问题。

　　正确地做好小事情，才能使集成化实践不断取得重大成果。

集成化实践的价值

136

　　丰田的 TPS 依靠一系列的价值观来指导他们的公司。成功整合的实践也从价值观开始。

　　没有达成一致的价值观，很难坚持到底。没有明确的目标就会恢复到以前的做事方式。

　　系统的价值观是日常决策的框架。推动集成化实践的价值观：

- 灵活和适应变化。计划并设计生命周期的资产。做长远打算。
- 开始时定义成功和设置适当的期望。
- 在这个过程中尽可能早地解决问题。早期的决策会对最终产品产生重大影响。
- 消除主观性。得到一个好的、客观的定义。
- 让业主参与。
- 理解底层的需要。学会公开交流预期。
- 与你信任的人形成伙伴关系。避免与对手在一起工作。

- 承担责任。

丰田生产系统设定的示例显示了一个容易理解的系统的价值和重要性，公司里的每个人都可以接受。使用此列表开始为你的公司制定流程。

列表的输入需要大家共同参与。当它开始起作用时，所有人都能看到。

137 观念

你每天的工作和生活都离不开像 TPS 这样的集成化流程。在线预订、从网上购物和网上聊天，这些都是取得成功所必需的技能。这些技能提高解决问题的能力，使建筑师有资格领导集成化流程。

建筑师们要管理多样化的团队解决复杂的问题。利用技术使这些技能最大化，帮助建筑师建立一个节俭和可持续发展的世界。建筑师可以成为领导者，创造一个更美好的明天。

并非每个人都会同意这一看法。长期以来，建筑业一直依赖效率低下的工作流程。一直关注任务自动化导致一个行业不如以前富有成效。自动化低效的流程没有效果。

如果我们希望纠正这种情况，我们需要提前规划道路。

开始探索计划和自我认识。

你首先应该把问题理解清楚。没有理解问题，就很难计划解决方案。探讨和关注影响你设计和施工过程的问题。开始找到规律，处理影响你实践的问题。

下面是一小部分建筑师的看法。他们提供了一个有趣的观点。你看到一个模式吗？建筑师能做什么来改变这些看法？

138　　最近 6 个月，我们记录了有经验建筑师的评论。我们想了解建筑师的思考方式。我们正在寻找认知和印象。

我们收到评论的过程很有趣，有点吓人。虽然这不是一个科学研究，但评论提供了一个有趣的视角。这是我们收到的响应，按类别分为：

成本

建筑师的估计是不准确的或"只是错误的"。不协调的图纸只会创造问题和浪费资金。

报价大大超出预算是无一例外的事。建筑师并不真正关心成本。

时间

使用一个建筑师会将项目时间延长。

承包商将确保建筑师的表现。

管理

建筑师真的能工作在一个集成化的流程中吗？

建筑师不了解"真实世界"。

建筑师的流程不是开放的——他们"到底"在帮我做些什么？

建筑师不管理风险。他们把风险推给别人。

建筑师认为他们能胜任一切，但他们真的不能。

建筑师认为建筑业是围绕着他们，但事实并非如此。

领导

建筑师以德自诩却不担责任。

似乎总是有很多建筑师和其他人之间发生冲突。

技术

我不在乎你如何做。

机械系统是我们的长期问题。

每一个建筑师都会向我展示计算机图像。我为什么要在乎？你们都做同样的事情。

开始改变

139

当然，这些评论并不反映许多建筑师提供的好东西。然而，他们关注的一些问题是客户愿意分享。你可以纠正你的客户和他们项目的问题。

你可以做一份更好的工作和提供更好的价值。

通过有效地使用最好的技术、流程和工具，你会找到解决方案，为你和你的客户工作。它并不重要，如果你是创业者或大型公司的一部分集成化实践更容易解决上述问题。否则，你将集成什么？

读到这里，你知道这是变革的过程。你知道如何开始适用于贵公司的集成化实践。

首先，认清总体的工作概念。

看看系统的流程每天可以应用到哪个项目。

接下来，我们将讨论如何在日常工作中开展集成化实践。

计划未来

140

BIM 专家每天都会取得新突破。每个月的期刊上都有技术应用新方法出现。变化是在空中。不要让这恐吓你，或使你慢下来。快速发展的情况下创造的机会很多。利用他们，认识到，你不需要每件事都自己做。

涉及建筑行业的许多人都在变化之中。一些人接受新流程并做实际项目。另一些人关注标准和未来。专注于标准和互操作性是必要的，但它不能帮助你完成今天的实际工作。

标准文件往往包含一些让人无法理解的术语。他们争论数据细节并增加混乱。这些文档是流程的一个步骤，但是不要让他们进入你的工作方式。即使随着标准和工具的发展，bim 被证明是更有效的交付系统。

没有干净的、负担得起和可靠的方式来管理，你正在与 bim 模型交换开发的信息，你可能不会看到长期回报。

与标准相结合，BIM 开辟了一个收入剩余可能性的全新世界。模型中的数据在你的设计和项目中变得有价值。

考虑你的长期计划。

141

12 年前，我们意识到不能出售虚拟建设技术。似乎没有人关心建筑师是怎么工作的。对大多数人来说，建筑师都是用同样的方式做同样的事情。

设计和施工过程的问题似乎没有解决的迹象。客户抱怨的问题。没有人认识到集成化流程和虚拟设计提供了解决方案。当然，没有客户愿意在他们的项目中使用。

我们认为这是一个潜在的竞争优势。我们可以使用一个信息档案记录我们的项目生命周期的设计业务水平。我们相信，通过管理客户资料我们将创造剩余收入的机会。我们也可以利用技术来解决客户的问题。当我们思考的时候，谁能更好地管理变量的范围和复杂性，影响我们客户的项目？我们可以！

技术只是一个等式的一部分。我们需要一个深思熟虑的过程，把一切都集成在一起。真正的成功是围绕建筑信息模型管理细节。管理这些细节，使用技术来提高工作流程，缓解客户的压力。

客户希望他们的项目做得更好，但不关心过程。变得更有效，给予客户更多的确定性的结果成为获胜的组合。

我们的使命是——帮助客户确定他们的项目。

我们可以向客户解释这个任务。如果我们使用技术能让他们受益更多，这对他们来说更容易理解。

使客户看到价值，理解并愿意支付它。客户愿意为更好的决策信息和最佳交货时间埋单。这就是我们如何创造更好的设计并为客户创造更多的价值。

第三部分

日常流程

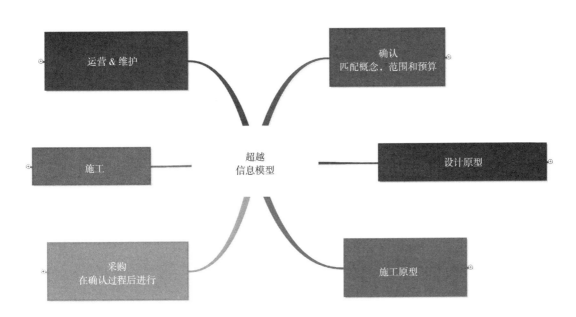

第 6 章

把确定性牢记在心

通过创建和管理建筑模型，你使用的是一个定义了建筑项目应该怎么发生的流程。你的流程需要定义工作方式、方法和行为。你的流程覆盖多级原型和参数，美国建筑师学会的合同文件规定的传统五步成本管理流程是不变的。

在大西洋设计有限公司，我们的工作流程是 4SiteSystems。它利用数据提取虚拟建筑模型以便更好地计划和预测设计解决方案。这是一个强调早期项目决策的流程。

我们的流程是以一个验证阶段为基础进一步努力形成的。通过这个流程，我们提高生产力和盈利能力。此外，我们也为客户提高了效益。

我们使用这个流程改善"预测"结果的能力。从 2001 年开始，我们已经看到它为项目节 省约 10% 成本。你可能会认为这是个例。然而，6 年来我们一直看到这样的结果。

集成的 3D 建筑原型在创建过程中就能为业主决定早期成本，从而大大提高他们准确地预算的能力。可以从丰富的建筑数据中创建项目的设计图纸阶段，即使在建筑已经完工。

在不断应用和强化概念的过程中会大有收获。我们使用最好的工具完成手头的工作。然而，工具（应用程序）是次要的。改善项目是每一次的目标与积极成果。

专注于为客户提供持续的价值。在这个过程中消除或减少低效，消除重复的任务。

> 我们在索尔兹伯里消防总部项目和 16 站项目（包括在这本书中的案例研究之后）使用公共投标设计 / 制造流程。这个项目获得了三个公共投标。验证阶段的项目估价比合同最低报价高出 0.6%。成本在整个施工过程中与项目估算一致。

你在流程中创建一个归档的信息和互操作的数据库，就能成为客户的资源管家。你使用这些数据来帮助你的客户维护和运营设施，允许其他人从中受益。

147 基本概念

建筑师们把自己限制在建筑环境的一小部分中。因为他们认识到一些问题的风险，所以限制自己的行动。

建筑师通常专注于建筑的设计。这是一个他们的熟悉的领域。这就是他们的保险。然而，这种情况限制了他们接受新事物的能力。正因为如此，他们的影响力是有限的建筑世界中一个很小的部分。建筑师在建筑环境的一个小角落里自缚手脚。

显然，一些建筑师的眼界更加开阔。然而，大众的态度和认知倾向于人为的限制他们的能力和发挥的空间。他们在其他领域也有许多机会。

建筑师拥有独特的技能。他们可以在一个信息化的世界茁壮成长。这需要关注"大局"，清楚地了解什么能创造价值。

退后一步，看看让你练习的"第一原理"。关键是要找到可以产生最大影响的重要变化，分析人的思维。在行业中评估成功的管理系统。引导你的内部流程和程序。所有的目的是了解在今天的世界上建筑师能做的事。

这种探索和利用最佳技术的欲望让我们创建了 4SiteSystems。早在 1997 年，我们使这个流程生效，目的是克服建筑师"老方式"的不足。

148 从广义上讲，我们围绕八个基本概念构思系统。你如何看待项目的概念影响如何提供服务。我们这个系统的概念包括：

1. 早期决策。初步设计决策是重点。采用可靠的信息决策。使用技术在正确的时间获得高质量的业主信息。

2. 眼光长远。用系统方法设计。这是一个你可以定义和管理的过程。

3. 约束管理。你可以通过约束管理复杂的过程。成本是我们管理过程中主要的约束。

4. 文化能力。拥抱自由和开放的沟通。人们了解正在发生的事情时就能更好地工作，作出更好的决策。接受这种能更早表现所有的观点和技能过程。

5. 适应和回应。没有两个项目是一样的。该系统适应每个项目。这个系统（或任何其他类型的系统）将永远在一个不断变化的状态中。

6. 优化流程。不完全依赖于任何一种方法完成项目。相反，使用最合适的工具和程序完成每个项目。理解底层概念并确保使用最优流程来解决问题。

7. 管理风险。负责任的管理是至关重要的。要尽早解决问题，主动管理流程，减少你的风险。整个团队公开讨论和公平地分配风险。

8.共享信息。知识产权是很重要的，但这不是重点。愿意分享信息来完成这个项目。通　149
畅的信息是可互操作的流程的基本要求。没有共享信息，BIM 和集成化实践是极其有限的。

注意：不要认为这个列表是包括一切的或者是唯一的方法。在建筑环境中人们有很多选择。这是实现集成化实践的唯一途径。

随着你的方法变得更加一体化，在寻找新的通信方式的过程中获得益处。项目团队和客户开始围绕集成流程理解"大局"问题。在正确的时间全面理解正确的信息，更容易让他们做出正确的决策。

让我们看看成为一个集成化实践你需要回答的一些问题：

- 我们的费用如何设置？我们如何合法的分配新费用？有什么变化？
- 如何让客户、员工、顾问接受他？
- 在日常办公环境中基于 BIM 的流程有何不同？受影响的是谁？
- 我需要做人力资源吗？
- 为什么客户要我这样做？
- 实现这个流程能为我和客户节约什么？　150
- 我必须扔掉一切重新开始吗？我们还可以使用 AutoCAD（或者是微型工作站，或者是……）吗？
- 我们如何能最有效地工作呢？
- 有人告诉我，我们已经可以用当前的技术工作了。为什么业主还不满意？
- 别人在乎吗？
- 这与建筑师是什么关系？
- 我们可以做 3D 图纸，他们看起来不错，所以……有什么大不了的？

我们将帮助你找到这些问题的答案，并向你解释集成化实践是如何工作的。

杠杆价值

我们用 4SiteSystems 作为集中注意力的机制帮助客户找到他们项目的确定性。它减少浪费精力和效率低下，节约业主的额外成本。这个流程让项目设计和建造按时按量，满足业主需求。

它让业主能够控制自己设施的全生命周期。

使用 4SiteSystems 我们帮业主做更可靠的决定，尽早规划和设计过程。我们的目标是使决策过程发生在每个项目的最佳时间。这个过程为每个特定的实例找到最佳的解决方案。

151　　　通过必要性，我们能以线性方式描述过程。没有必要的过程是线。过程元素可以（而且应该）根据项目情况发生在不同的序列。然而，这个过程经常按时间顺序列出。

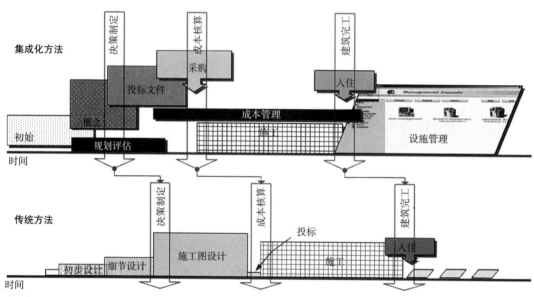

时间表与 BIM 方法相比，你创造更多的信息。早期信息允许提前决策和更大的控制权

每个项目通常都有验证过程。你定制所需的原型、采购方法和施工方法。我们从"模型"的方法来编写投标文件决定所选择的送货方式。招标文件可以从任何模型导出。

验证过程中你的目标是努力专注于重要的事情。在项目早期正确完成小事情会有好结果。这种情况适用于经验法则称为"二八定律"。它可能不是科学，但当你的注意力提高了结果似乎也会变好。

152　　　并不总是需要建筑原型，采购阶段会出现并覆盖其他的阶段。

通过关注 20% 的关键问题，你可以获得最大的成效。

通过应用"二八定律"，把你的精力集中在发展一个高程度可信的早期决定。关注你的努力，情况会好转。许多人把精力平均分给太多的事情。如果你能将精力集中在关键的项目，你可以大大改善你的结果。如果你将精力集中在关键的 20% 的活动你会取得重大成果。通过关注最关键的 20%，利用你的努力和改善的结果。

就项目而言，这意味着，如果你专注于改善早期决定，你可以不断改进和完善，而不是纠正错误。你可以使用 BIM 技术获取早期决定。然后重点维护建造的优势比纠错花的时间少。

高度关注关键的 20%。成功来自利用这种集中的方法。然后重复这个过程。随着时间的推移，你会开始看到好的结果。

> 阅读更多关于帕累托原则（二八定律）：http：//en.wikipedia.org/wiki/Pareto_principle 或 http：//www.the8020principle.com

确认阶段

153

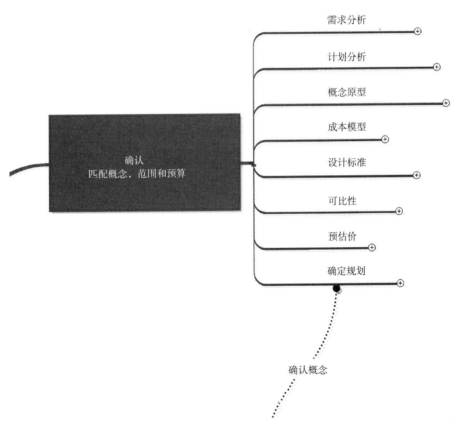

框架图是最好的可能的项目解决方案。它能正确地显示项目的重要环节。帮助项目使用正确的战略，让接下来的阶段更容易管理和成功

概念、范围和预算相匹配

验证流程是为了项目设计、建造和管理的成功。我们的目标是得到一个好的、客观的质量定义；在开始时定义成功，设置适当的期望，开发实体项目控制。贵公司的规模和专业技术很可能会驱动你的方法验证阶段。

154　　　有一些设计师不能处理技术或抱怨设计过程中这种级别的控制。

这是适得其反的集成化实践。通过承认这些态度让你可以在一个优化的流程中摆正位置。

如果是设计师创建概念的原型就再好不过了。由技术专家和综合数据库分析和成本核算也是理想的设计功能。

在项目一开始，设计师就使用技术工具考虑备选方案，那么项目过程会很顺利。利用贵公司的所有资源来获得正确的验证将确保你的项目有个好开始。

可持续性

BIM 过程本质上是可持续的。你用 BIM 工作，就消除了浪费并减少困扰建筑行业的低效率。作为一个固有的可持续发展的过程，你正在产生重大影响。

BIM 模型比起传统工艺有很多优势。你的 bim 工具允许分析能源使用情况。这同样适用于减少采光、太阳能资源。你可以快速和廉价地调整和尝试多个选项。使用相同的工具，你也可以评估环境安全和一系列其他问题。

每个人都应该参与这个过程。

155　　　我们以线性方式描述验证过程。这就是本书的用处。在实践中，按照步骤进行。

设计标准可能会与数字化模型同时出现。成本模型基于需求分析创建的数字存储库。你改变流向以适合你和你的项目。所有的部分都应该在这里，但有时他们出现在不同的命令中。

需求分析

你从需求分析开始，重点是理解客户的实际和潜在的问题。

- 时间——文档时间目标、项目性能要求、灵活性、限制安排和引导软件。
- 约束条件——财务文档、网站、管理和可扩展性问题。

- 任务——用文件证明业主需求和任何变更管理问题。
- 目标 & 目的——文档组织目标、形式、形象目标和功能需求。
- 经济——文档管理问题和财务限制。

在这一步中，文档可以根据项目采取多种形式。

业主的 BIM 资源的地位也成为一个因素。如果你的客户实行了集成化系统，已经在竣工的 bim 模型，IFC 文件和其他格式的文档都是可用的。

拥有基于 BIM 的资本管理计划的业主，可能实现紧密集成的业务流程和设备资产信息。如果是这样的话，这项工作主要围绕着数据提取和验证来支持你的项目。

今天在绝大多数的情况下，业主没有创建并实现 BIM 和他们的档案业务流程集成化。在这种情况下，你的努力变得更像任何传统的调查和现场调研任务，添加要求的处理结果与 BIM 的解决方案集成。

156

文档应该满足一个数据结构的标准化格式。目标是开发规范化数据，容易与基于规则的规划系统集成。

通过例子：规范化数据可以以电子表格的形式与预定义的行和列正确命名。

在许多情况下，这样的以规则为基础的系统将不可用。在这种情况下，你应该在一个标准的数据库管理数据，使用一个如思维导图数据库这样的系统驱动解决方案。

类型 1——数字资源库模型（DRM）

DRM 是 bim 的一部分，作为数据容器来保存项目信息和业主数据。DRM 作为信息库，可以采取许多形式。使用 DRM 持有数据的优点是，你可以进一步开发以减少的数据丢失或返工。DRM 可以快速开发很多领域。事实上，DRM 是建立全美国客户数据库的最快的方式。

方案分析

157

方案分析，你通过分析客户需求和结构数据得到一个明确的关系。

- 物质——通过图表理解项目运作、空间需求和关系。
- 时间表——分析居住需求和交付问题。
- 功能——开发逻辑图、方框图和功能特点。

● 策略——开发初始交付和采购策略

许多选项存在这一步。这一步的主要目的是让你了解项目和开发初始概念可能的解决方案。在下一阶段，你将开始创建原型模型来生成详细分析所需的参数数据。

在这个阶段，你熟练掌握项目要求，业主问题和限制条件。因此，你应该使用能给你这种级别的清晰认知的工具。你也应该学习自己使用类似的工具，生成和管理数据用于需求分析。

> 我们发现来分析和呈现这些数据的最好工具是 Mindjet's MindManager。这个工具允许你评估人际关系，并通过整个团队进行沟通。
>
> 缺点是这个与 bim 原型模型缺乏直接联系。
>
> 其他的方式是考虑 Beck 公司的 DProfile 技术和 Onuma 规划系统（OPS）。在撰写本书时，这三个产品都已商用。这些产品可直接向 bim 模型输入。

158 概念原型

来自数字原型阶段的信息成为所有未来发展的基线。它是项目成功的客观评价。我们的目标是定义一个解决方案，可以成功实现在业主的目标。这个解决方案成为学习和测试的平台。

类型 2——概念展示模型（CVM）

CVM 是基于数字存储库（DRM）和程序分析来创建一个虚拟建筑模型。在概念上，这种模式是一个高层次的概念草图。在手工设计的情况下，你会使用传统图纸开发概念。

CVM 是一种有价值的数据资产。它嵌入在现实之中。它允许你添加越来越多的信息。正因为如此，进入 CVM 的数据应尽可能准确。开始时，信息将是不完整的。

你可以把输入数据的过程作为一个筛选的过程。你的数据开始时非常模糊，随着时间的推移，你会筛选数据，使它更准确。在未来的某个时刻，你会有一个虚拟的现实世界。

准确筛选你的信息对 BIM 的精确和经济是至关重要的。

159 根据 bim 建模解决方案的能力，CVM 的范围可以从基于规则的几何参数、虚拟建筑外壳结构、智能规划对象、创建完全组合虚拟模型包括地板、墙壁、顶棚、屋顶等。

任何 CVM 的设计分析方法都可以提取大量数据。

现场数据——CVM 可以采取许多形式的现场信息。你的选择范围从详细的现场调研到卫星测绘工作。

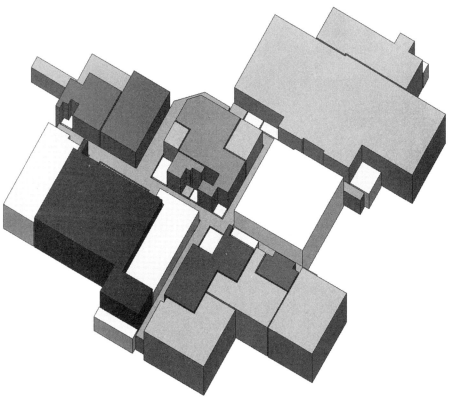

马里兰州克里菲斯——学校改造模型。在这种情况下，CVM 是一系列保持教育规范数据的容器

160

马里兰州斯诺希尔——教堂改造视觉模型。在这种情况下，我们基于 CVM 制作的竣工模型

　　Google Earth 的数据是参考。它可以让你的模型保持一致性和可重复性，别人也可以使用。

　　然而，它并不总是高分辨率。航空摄影或其他卫星映射可能显示更多的细节。它有时候不能像现场调查那样准确（有时你必须准确）。

　　Google Earth 在这个阶段通常符合标准。你可能会发现 Google Earth 提供最好的一致性水平，现场数据支持 CVM 模型。

161　　　**模型管理**——支撑整个 BIM 过程的是业主档案信息的一致性。任何系统必须允许组织数据的一致并用安全的方法来存储和发现你的信息。必须以一致的可重复的方式共享你的数据。

　　在纸质系统中，因为信息的管理而创建了图书馆。在 BIM 世界中，模型服务器就是图书馆。然而，今天模型服务器几乎是不存在的。

　　作为一个公司，你将不得不到处找服务器。如果你找到负担得起的模型服务器，你可能会发现，他们要么太受限制或日常生产力成本太高了。

　　为模型存储和共享开发一个策略，在不久的将来让你得到一个模型服务器解决方案。今天，你能做的最好是添加模型服务器持续学习列表。

　　跟上，看他们是什么。

　　草图和演示——许多设计师认为，不能像用手一样在电脑上做概念设计。他们担心创造性的损失。他们把电脑视为阻碍生产的工具。他们不承诺努力学习如何设计使用数字工具。他们坚持信念，他们总是能够手工素描，有人为他们画电脑"草案"。他们不能犯更多的错误了。

　　诀窍在于找到一个工具，你喜欢，并学习如何使用它。你努力学习如何像铅笔素描一样使用它。你必须努力学习如何使用这些工具。

　　今天最好的工具能带来前所未有的自由，消除不必要的工作。

162　　　正确使用它们允许你自由设计而减少设计约束。他们提供打破规则的能力，知道规则是什么，知道你的决定的影响。当你完成设计，很多重复生产工作被消除了。

　　我们用自己的 bim 建模解决方案和 Google's SketcuUpl 绘制草图。从每个项目一开始我们就会使用各种照片和手绘处理产品。

成本模型

成本模型是一个财务规划工具来帮助业主理解项目的成本约束。我们通过开发工作流程创造价值，就如同 20 世纪 60 年代末使用"设计阶段程序估算"的机构施工经理和 George Heery 等人。

整个验证过程发生的很快。对于典型的项目，整个验证过程大约需要两个星期。一些项目需要更长的时间。成本模型一直在运作没有慢下来。

成本模型依赖于从原型中提取的工程量。因为我们在这个阶段通常使用 CVM，基于规则的工具缺少工程量和内部的数据库。然后我们结合使用 RSMeans 成本数据，DC&D 技术，和内部成本数据到达成本预测的目的。

我们依靠一个混合的过程在不推迟项目的前提下创造有用的数据。

163

这个阶段我们的团队领导是一个中等大小的总承包商，之前与我们一起工作。他知道最后期限和承包商的压力。他维护我们的内部成本数据并做了很多努力渡过这个难关。这让我们迅速扭转成本模型。它允许我们审查和调整。他是可以克服缺乏综合参数的评估工具。

你将需要开发自己的混合估计系统，至少在短期内运行。

可靠的参数成本系统并不是空想。供应商已经开始关注这一领域，能直接链接到你的 bim 模型的系统将成为现实。当集成和互操作的参数估计系统成为现实，你应该改变。直到那时，你可以对你的项目做出大改进，即使如此它们仍需要一定程度的人工干预。

你让它成为现实。

当与业主合作时，成本模型已经被证明是一个非常有效的控制项目结果的工具。我们的目标是创建一个模型，其中包括项目的所有预期成本。这个模型成为一个设计约束。这个模型就变成了客观的衡量项目财政成功的工具。

把时间表逐步进入成本模型。没有理解这个阶段就会，漏掉预算关键的成本。如果没有一个交付策略，很容易错过机遇与危险。没有理解施工操作，风险管理更为复杂。

开始安排和思考分析步骤和假设。他们应该包括在成本模型中。

164

通过这一阶段,你应该有一个采购计划和实施建设的概念。你也应该有一个清晰的时间表。

使成本管理成为工作流程的一个最重要的部分。

良好的在线评估工具可以处理一个合理的成本。随着建设知识的应用、愿意学习和提问，你可以改善你的评估过程。根据你的资源，这可能需要你与一个良好的估计量。它可能需要你额外的成本管理培训。它可能需要聘请有评估技能的人。但是你做了，就掌握了成本控制。

我们通常使用 MSProject 这样的调度器。然后我们使用 Mindjet 添加采购和实施分析。

165

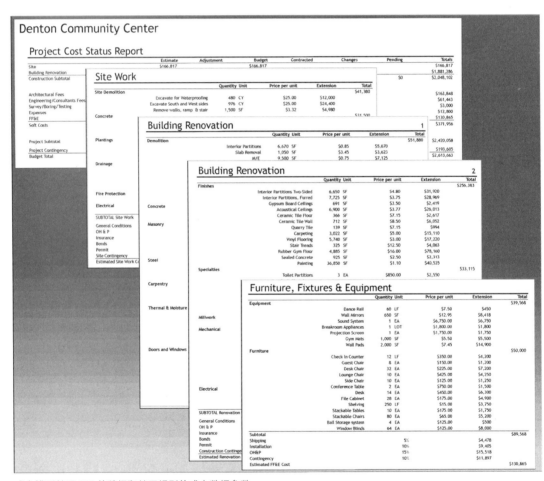

成本模型基于 CVM 的数据和基于规则的成本数据参数

设计准则

　　设计准则是记录项目战略决策和设想的过程，它推动成本计算和原始模型。你专注的这个工具让 BIM 过程如此强大。这就是你运行测试和分析模型的工具。

设想

166

原型和模型分析的是通过经验法则、知识数据库、标准、实践和经验定义的参数。

你能从这些参数对象中获得大量的信息。正如我们前面所讨论的，如果你想要设计一个 20 人的幼儿园教室，你能把参数细化到桌子，灯具，厕所的数量。你可以计算项目所需的顶棚、墙壁和地板面积。你可以定义构成教室的大部分"东西"。

一个成熟的 bim 解决方案允许嵌入参数。嵌入式参数能够被数据化成为与测量相关的项目列表。或者，他们可以成为用图形表示的智能对象。一把椅子可以看起来像椅子或描述椅子的参数。在这两种情况下，你的 bim 工具给你测试和分析对象的能力。

这些嵌入参数的对象是项目的核心。你可以通过他们确定范围、规模和数量，并进行分析和估算。但是，他们不包括项目的所有内容，有些信息需要你来补充。

采用标准设计步骤的目标是通过完善项目参数使你的设想变为图纸。你正在创建代表项目的"占位符"，你知道经验还是不和或缺的。没有这些占位符的设想，事情将会偏离正轨，你将创建一个有缺陷的分析。

167

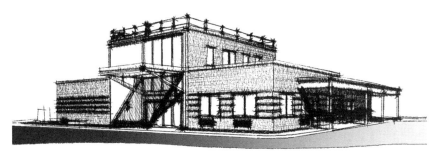

马里兰州威科米科县——从 BIM 数据中提取的验证阶段的图像。这些图像常被误认为是 3D 建模软件输出的。这个模型的数据可以填充成本模型，成为地方政府、州政府和联邦机构财政设计的基础

可比性分析

业主希望把他们的项目与相似的项目进行比较。如果你没有提供比较，你的成本模型自然不会被用于"每平方英尺成本"评估。

这些比较的水平顶多是苹果和橘子的比较。有些将包括现场工作，有些不会。这些比较都不包括项目软件或内部装配花费。这些比较会让你看起来很糟糕。他们不好理解，会让业主担心，并造成混乱和不确定性。

可比性分析解决了这一问题。通过积极领导这一步，你能基于正确应用的标准帮助客户评估他们的项目。

168 我们使用 DC&D 技术公司的 D4Cost 系统几乎唯一能做到这一步的系统。系统允许你确定一组类似的项目。然后它允许你根据当地条件和预计施工时间调整项目。由于 D4Cost 是一个数据库驱动的系统，项目数据是一致的和可重复的。你调整的详细级别以满足业主的要求。

形式

从形式上呈现客户数据增加减少和替代的方法。

在审查和批准之前，我们选择了形式上的术语来表示部分完成数据的属性。在这个步骤中，你和业主一起审查分析项目的信息。通过这次审查，你可以在验证程序之前做出调整。

选择

验证过程的目标之一是设计项目成功实施所需的组件。成功实现这一目标的一个解决方案是匹配业主的需求。

这样一个广泛的解决方案要提供展望一个项目的最优方法。然而，现实世界的问题（预算、政策约束等）往往需要妥协和调整。正因为如此，关键是降低成本、减少潜在费用、简化设计选项和其他替代方法。

169 ## 经过验证的程序

你的最终产品是一个定义了限制和可能性，经过验证的程序，并能指导下面的步骤。经过验证的程序可以有多种形式，这取决于不同的客户和情况。理想情况下，一个交互式网络文档能够将数据不间断地连接到集成化的环境中。对于许多客户来说，一系列正式的文件包括一个报告，项目门户网站必须有对公共使用的一系列数据库和 bim 模型。

经过验证的程序中的解决方案的供几个功能：

- 他们是空间使用计划，成功的测量是项目延续的保证。
- 他们是业主需求的声明来指导建筑师的设计。
- 他们是设计 / 建造采购文档的基础。

建立信任

字典中对验证的定义是建立完整的证实。通过完成验证过程，确认业主的需求。你用建筑信息给业主一个高水平的确定性。可信度水平决定了你在业主心中的位置。它带给你有价值的资源。

由于这个原因，你可以选择。你可以选择继续设计和施工。你可以选择接手一个项目或管理项目。或者，你可以选择继续下一个验证，把这个项目交给其他人实施。

170

现有设施

在我们进入下一个步骤之前，有一个额外的话题你应该考虑。让我们看看现有设施发生的几个场景。

我们已经建立了我们的世界。在大多数地区，你必须使用现有设施。现有的结构和业主遗留的系统规范。在这样的环境下，是否有一个"简单"的开始方式？有可能经济地启动一个现有建筑的 bim 项目吗？

一些建筑师和业主看着他们现有的设施，放弃了为 BIM 进行的所有改变。创建现有条件模型的成本一直是他们不执行 BIM 的借口。

现实是完全不同的。现有设施模型的 bim 解决方案是经济的。现有设施业主深入使用 bim 就会发现：

多设施业主——为这些业主采取分阶段的方法逐步发展竣工模型。可以非常迅速的为遍布世界的大量设施创建原型。这些原型可以保持任何遗留信息（地区、坐标、程序数据和规划规则）。

这种方式建立的原型成为基于规则的系统的理想选择。它们可以升级并包括几何和设施的详细数据。理想情况下，项目一旦创建第一个原型就将一直使用 BIM 的方法。通过修复或更换设备，原型将变得越来越精确。随着时间的推移，业主将会建立一个真正的 BIM 系统。

171

改造工程——这些项目规模各异。无论如何改造开发，他们都包括某种程度的现场审查，诊断和现有条件文档。

如果你做过这种工作，就会怀疑竣工存档的文件。他们通常是不准确的。他们通常不准确、不协调，也不是最新的。通常他们代表着几个无关连的改造项目，你需要把他们合在一起。

由于这个原因，通常你需要检查现场验证测量并从头开始创建基本计划——即使业主为你提供电子竣工文档。

你可以通过设计你的 BIM 过程停止这场混乱。你创建的 bim 竣工项目成为理想的第一个原型。最后，整理平面竣工图纸，作为业主信息的资料库并为进一步设计创建一个起点。

数百万平方英尺的这种类型的模型证明，他们在标准费用和时间限制上是经济。

多建筑安装——多个建筑复合的项目可以触摸几乎任何你可以想象的建筑类型。他们可

172

以改造或新建。他们可以涉及基础设施。他们经营自己的世界。在这种环境下，资本改进计划是重点。

预算限制常常迫使这些业主一次专注于一个项目。延迟的维护是一个永无止境的问题。这些业主面临着一个两难困境，能运用的资金有限。他们经常使用建筑师的服务设计一个具体的改造或新项目。很少对这些用户进行一个全面的计划，解决一切问题。通常你会面对一个特定的需要，它可能有任意数量的后续需求。

如果业主实现一个 BIM 的过程，你可以把项目离散成"插件"。如果不是，BIM 为这些客户提供了大量的可能性将设施 BIM 化。

今天大多数业主没有一个集成化的系统。他们没有实现 BIM。通常业主是应对问题的转换成本和开发标准。业主可能理解潜在的好处，但旧有的限制阻止了他们。

在大多数情况下，你会发现最好的解决方案是建立一个主要模型上的简单原型。你可以把你的项目主模型使用一个 bim 的解决方案来发展它。然后，随着业主开发的其他项目，增加主模型框架。

173　你会使用技术成功完成你的项目，为业主创造一个 BIM 的解决方案。这让你的项目从设计和施工转向运营和维护。你给业主留下一个 BIM 的框架，这是可持续发展的经济。他们可能不知道如何使用它，但这是第一步。它创造了一个让你与他们合作转型的机会。

当业主学会直接使用你的模型连接他们的资本预算和设备操作流程，你创建的框架才变得有价值。在这一点上，建筑师让模型变得更有价值。事实上，它可能是你不可或缺的。

新泽西州大西洋城——用成熟的 bim 解决方案，你能用相同的成本创建远远超过任何平面信息准确性的竣工模型。竣工模型成为理想的档案数字信息

设计原始模型

174

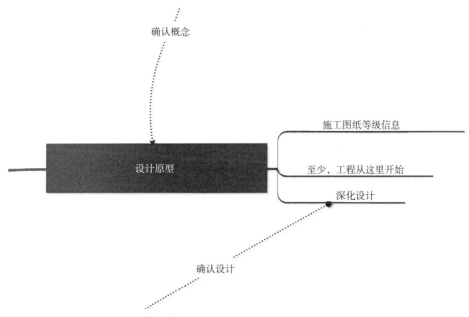

设计原始模型是第二步。这是核心的过程

类型 3——设计原始模型（DPM）

对大多数人来说 DPM 是一个"正常"的 bim 模型。你开发的 DPM 以决策验证为基础。DPM 适用于供应商的模型或用于非整合虚拟建筑模型环境。你见过的模型大都是 DPM。

DPM 可以充实数字存储库模型或概念视觉模型。它也可以是一个全新设计方向的验证程序。你和你的业主决定如何进行这一步。你要作几个决策：

第一个决策是关于设计解决方案。

● 概念验证是最好的解决方案吗？如果是这样，你继续添加概念视觉模型的细节，直到 DPM 为下一步做好准备。

● 如果不是，你使用验证的约束条件来创建最好的设计方案。

● 你有一个额外的选项。一些项目太大，太复杂或需要特殊处理。由于各种原因，大公司或设计师可能需要"签名"。在这种情况下，验证成为管理设计的框架。作为业主信任的顾问，你要过渡到其他角色。

第二个决策关于实施。建设项目最好的形式是什么？

- 你有可以用模型工作的建造师吗？如果是这样，你就是真正的集成化。可能你每天做的事大部分都是本书的建议。你建立 DPM 允许它与建造师集成。你的模型包括支持 4D 和 5D 的基础。你所有的系统模型都满足这一点。
- 一定程度的设计 / 建造会最好？早些时候，我们讨论了为投标、设计、建造和验证数据使用视觉概念模型。DPM 可以让你再进一步。DPM 是一个理想的工具，减少设计、建造的不确定性，实现流畅的项目投标和更好的结果。
- 这会不会看起来很像一个传统的设计、报价、建造过程？你需要制作公共招标文件。你可能会遵守严格的审查过程，提交需求。

176　　　你会专注于建筑模型的水平是否符合提交需求。

只要把你的想法填写在标准表格上，你会发现视觉概念模型已经生成所有必需的设计开发文件。再多一点努力你将得到 50% 的施工图。

以你的决定为基础，你将创建一个深思熟虑的集成计划。你调整计划实现的方法。在"正常"的过程中，你指定专家来支持该项目。你问的问题是：

- 一个优秀的项目需要那些支持？
- 我将如何与顾问集成？他们的内部流程是集成化的吗？
- 他们能处理我的模型吗？我可以集成他们的工作吗？

你还应该考虑设计分析的等级和数据共享，这些会发生在项目中。

- 你的分析工具需要任何"特殊"数据吗？
- 你必须使用在线工具给对象填写额外的数据吗？
- 你需要为缓解未来的发展而保留某些区域吗？

BIM 是早期的决策。你应该提前思考模型。如果你计划来分析建筑可持续性，你应该解决这个问题。这同样适用于任何分析工具。

"抢在前面却没有计划"真的会对你不利。通常，这些新 BIM 已经在这个过程中，结果发现他们的工作在很大程度上是无效的。他们不能使用模型达到目的。

177　　　这个过程依赖于创建的原始模型要包含项目每个阶段的正确的信息，期待着未来的需要。从整个过程的角度看，你能在瞬间到达这一步，然而，DPM 是成功的关键。它必须设想和建立一个可重复的标准。它必须明白接下来会发生的事。

齿轮的设计原始模型创建的文档。包括支持这一目标所需的细节

环境

建筑环境是复杂的。在一个理想世界里，你看到的东西绝对会影响你设计的一切。BIM给你工具，让你在这个世界上的设计几乎不受影响。你可以评估门窗布局给用户选项的影响。你可以知道每个解决方案的成本和能源影响。你可以分析应对攻击或事故。所有这些（以及更多）可能就是 BIM 和集成化流程。

基于场景的规划

178

早些时候在这本书中，我们讨论了 Onuma 规划系统。我们研究了基于规则的系统支持BIM。OPS 也支持企业级的基于场景的规划。通过集成验证数据与清晰的视觉图像，系统允许基于事实的模拟。

可以从许多别的知识来源集成模拟事件。设置系统参数，系统告诉你一个模拟发生了什么。在模拟方面已经有了较大的进步，通过环境设计预防犯罪（CPTED）降低 9·11 报警中心的压力。通过整合 CPTED 原理，发现破坏性的设备和设施的属性数据，系统现在可以高水平的预测恐怖袭击或悲剧发生。

这种级别的集成仿真能力允许你和你的客户在项目设置和制图之前来研究决策的影响

179　　　我们的目标是创造最安全的环境，同时支持和加强一个业主的主要任务。环境问题严重影响性能和行为。通过理解和正确操作环境，对行为和提高性能和安全性有积极影响。

　　安全依赖于自然规律和操作上的问题。一个符合自然规律的解决方案没有适当的操作和更改也可能会失败。在"多目标环境"下，操作和更改可能会有合理的结果。操作结合自然规律的变化，在规划过程的早期进行评估就是集成。

　　根据预防犯罪和应急管理的原则能帮助你创造一个安全和应急平衡的环境来完善设计问题。通过应用CPTED的原则和技术，鼓励适当的行为，劝阻不当的行为，应急响应能力大大提高。

　　你可以使用BIM作为一种工具来理解环境，并用它设想和量化各种选择及其影响。BIM竣工模型提供安全咨询信息，他们需要评估条件并提出建议。模型与GiS集成，当现场不具备访问条件时，允许从远程进行有效的安全分析。

　　这个过程始于你对客户需求的理解。安全顾问必须了解客户需求以及他们如何做到这一点。这是开发一个全面的集成策略的基本步骤。谚语"一刀切"并不适用于安全与应急响应计划。有些工作在一种情况下会成功，而在另一种情况下可能会失败。

180　　每个设施都有自己的独特背景，所以需要有自己独特的计划。

编码标准使用了安全规划，并将其输入一个基于规则的系统。使用基于规则的系统自动设计安全方法时要谨慎。没有知识渊博的专业人士帮助，你就可能面临"无用输入——无用输出"的风险。用个人干预确保基于规则的系统的正确输出，解决不同情况下的操作差异。

你应该帮助客户基于他们的实际需要创造策略，而不是使用一个通用的安全产品。安全顾问通过建议策略来支持客户的整体安全战略。你也应该帮助他们，专注于策略是否适合他们的具体情况。这些策略应该长期有效并能提供价值。

小心使用 BIM 模型，基于场景的规划系统和安全专家允许你在一个安全的环境下支持客户的需要。没有这样的分析和理解策略往往不能实现。

知识渊博的安全顾问能把安全和应急响应融入设计在初始阶段。保证了在这个项目的早期就能选择符合总体安全目标和实际设施使用的适当策略。作为验证过程的一部分，它会对减少设计成本和额外的费用产生影响。

BIM 和安全分析是用来开发一个应急计划，业主可以使用它来应对紧急情况，然后尽快恢复可操作的条件。 181

一个有效的计划所需要的评估：

- 识别并优先保护的资产；
- 定义组织和设施可能面临的威胁级别；
- 确定威胁容易造成的损失；
- 为组织和设施的任务评估风险（威胁造成的后果）。

应急响应计划转化为可行的计划和目标，可以有效地实现并支持设施的日常运行。

在这种环境下 BIM 的主要好处之一是，你可以在设计完成之前选择模型并得到可视化视图。例如，安全顾问可以提供照明的性能规范，作为早期输入模型的一部分。这些规范可以用来模拟和评估解决方案，最大的好处是为设计提供一个安全的环境。

要理解一个原则，那就是在设计解决方案中融入安全考虑是非常重要的。如果你不保持安全策略，无论是资金或行为出问题，策略的有效性会被减弱，甚至可能成为业主的责任。

我怎么会在早期的过程中需要照明规范？ 182

考虑医院的设计过程。

护士们的停车是一个问题，因为护士们轮班工作并经常在天黑以后单独去停车场，这使护士们处于危险之中。问题是如何让护士们更安全？

停车场可以设置在建筑的内部或外部。停车场的布置可以很复杂，接近或远离建筑……

问题是找出策略，使停车安全不干扰建筑美学和功能设计。停车场布置方案作为设计过程的一部分，最好由业主和建筑师共同决定。安全顾问的工作是找到适当的安全解决方案，无论停车场在什么位置。

使用 BIM，安全顾问输入的数据将成为设计的考虑因素，从而阻止不合理的设计过程。设计师可以快速测试设计理念是否符合对事实和实际需要。安全照明就是例子。

传统照明安全不是早期处理。设计师希望知道照明是否影响美观。但是，安全呢？如果人们通过监视器监控停车场，那么让他们可以识别颜色是十分重要的，这意味着需要白光。如果用闭路电视进行监测，那么就还有其他一些重要的需求。需求的变化取决于相机的类型和使用的系统。这些问题将如何影响设计方案？

照明的不过是一个小例子，这个问题需要集成到设计中，创造一个让护士们无论白天和黑夜都感到安全的环境。通过在早期设计中集成安全顾问输入的数据，简单改变也会有重大的影响。这就是设计师创建安全的解决方案的方法，实际上日常用户难以察觉，但能"感觉"到安全。

183　对设计的任何其他部分来说，这个流程是相同的：首先，确定可能的威胁，然后确定将导致设施容易受到威胁的环境因素，然后确定方法来减轻威胁。

对于每一种情况，都有多个解决方案。有很多方法可以达到预期的目标。由安全顾问、设计师和业主共同确定最佳解决方案。BIM 的美妙之处在于，它允许你在设计的早期评估备选方案。

通过在设计过程的早期开发并集成安全性，你真的将安全集成到环境之中，而不是在设计完成后为安全"打补丁"。打补丁的方法经常被大多数设计师用做增加安全性的方式。打补丁方法可以说是最近许多安全故障的罪魁祸首。

集成化实践和 BIM 让你用一个更好的方法提升安全性。从项目一开始就关注安全性和其他类似问题是一种非常不同的方式。通常建筑师们提出一个建筑的概念，然后等待开发细节设计或施工图阶段。这是传统的设计过程中许多业主问题的根源。

一旦业主了解了你所能提供的有关他们项目的信息级别，他们就会接受这种方式。在项目开始的时候，使用 BIM 研究影响项目的一切，是非常重要的。

建造原型阶段

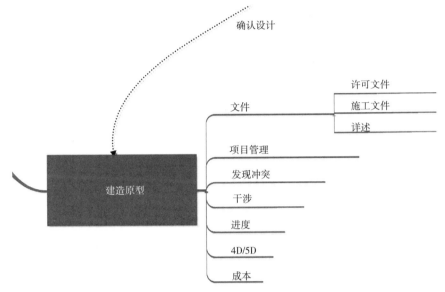

集成化流程并不局限于任何特定的施工交付方法。你可以在所有交付的过程中使用这种方法。
定制最适合你的客户的服务方法

类型 4——建造原始模型（CPM）

你会公开招标项目总承包商吗？

CPM 是由设计原始模型发展而来的。你已经到达这个阶段，许多生产工作已经内置到你的模型中。你的目标是保持这种优势，你能从模型中提取和组合招标文件。无论你构建的细节水平和复杂性，CPM 允许自动提取建筑细节、时间表和其他投标过程所需的文档。

这一过程可能需要传统的 2D 绘图。然而，这种情况发生在 bim 模型的框架内，但在 2 D 链接的窗口中。

你的 bim 工具应该能让许多过程自动化完成。该模型的目标是产生清晰、简洁、完整的招标文件，用最少的重复性工作。

集成其他团队成员的数据对建立原型是至关重要的。假设你的顾问团队由理解集成化并使用集成工具的人组成，这是相对容易的。合并他们的工作，检查合并后的文件冲突，朝着完整的成果前进。

如果是这样那你是幸运的。因为，如今事情并不总是这样的。事实上，今天这种情况不太可能。因此，你可能不得不转变你的顾问提供的"平面"格式信息。

计划你的 CPM 相应的生产过程。有些团队成员会流利的将数据共享，有些则不会。你会发现，你必须负责整个团队。能在 BIM 环境中工作的团队成员是罕见的。建筑师也是如此。幸运的是，这种情况正在迅速改变。

> 为模型的长期使用制订计划。
>
> 建造师将使用模型进行冲突检查，或进行 4D 或 5D 分析？如果是这样的话，应该有这样的使用计划。
>
> 模型将成为业主的长期资产吗？
>
> 你会使用模型来管理和运营设施吗？在这个阶段，你的模型包括很多数据。现在是最理想的时间，将数据连接到计算机辅助设施管理系统。
>
> 这些考虑过程至关重要。如果你不做长期打算，就不是真正从事 BIM。

186　采购阶段

　　你可以从许多不同的点中直接到达这一点。当你从一个原型到另一个原型，从你定制的流程到你的项目。无论你是否有数字原始模型，概念视觉模型或建筑原始模型，你需要根据你的具体情况定制最匹配的采购方法。你要确认业主的需求，清楚地了解需要做什么。

　　你意识到采购阶段的目标是把一切都定义清楚，然后用最少的资源满足这些需要。这是一个简单的过程，因为项目决策是集成化的并且提供给投标人。

　　在采购过程中，你专注于迅速和完全的交流和回答所有问题，无论它们看起来多么明显或平凡。在采购过程中没有哪个问题是愚蠢的。每一个你回避或漏掉问题都会在最糟糕的时间出现。

187　你努力消除所有的未知和不确定性。你快速响应并作出可靠的决策。这减少了"文本错误"和突发事件对投标的影响。其结果是更具响应性的投标。

　　通过共享你的模型，你可以与投标人自由分享你的数据。你甚至可以通过"平面格式"共享数据，如果是这样就需要他们去做好自己的工作。

　　你争取把工作做得清晰明了。清晰和简洁是集成化过程的一个标志。你达到设计的采购流程，满足业主的要求。你获得了成本和设计控制高水平。你和业主知道达成了设计目标。无论是用视觉概念模型与设计 / 建造商协商、用设计原始模型与设计 / 建造商投标，或用建造原始模型与施工招标总承包商出价，你都提供了比预计更多的数据。

你用一个用户友好的项目网站，让每个人都了解它。你填补了空白。你很容易快速响应和协作。你明白协作是你成功的关键。

这就是为什么无论多么有竞争力的投标市场，你都能得到很好的竞标结果。

施工阶段

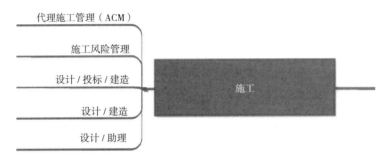

在较大的建筑环境中与其他专业人士相互作用。专注于在一个指定的服务区域内创造一个高度集成化的实践。集成化实践，基于 BIM 的清晰的理解给你提供选择

施工阶段侧重于在一个协作的过程中管理项目的成果，所有的团队成员关注创造可持续的和高质量的成果。在这个阶段，成本模型开发的早期阶段就变成了一个工具来监控实际成本。

类型 5——所谓的施工模型（CM）

你覆盖 4D 数据（添加时间）和 5D 数据（增加成本和管理）来支持建造师。这些模型扮演了许多角色。它们能作为项目的档案数据。它们允许在建造之前解决冲突。它们用行为来测量性能。它们允许你在管理的同时完善订购和加工过程。用类型 5 的模型能帮你找到问题，并在你移动渣土或者浇筑混凝土之前解决问题。

在一个完全集成的施工过程中，类型 5 的模型能从冲突检查转变为通过 4 D 和 5 D 进行成本管理，然后成为所有项目文档的重点。

在施工完成时，类型 5 的模型对操作和运营变得非常有价值。

类型 5 模型有特殊要求。他们用各种外部接口连接数据库，产生"真实世界"的结果。你必须把这些模型建立准确。事实上，这些模型关系到效率和性能。做错了会使人损失金钱和时间。做对了可以省下一大笔资金。在这个环境中要在继续行动之前清楚你在做什么。你有做好它的工具和能力。然而，这地方不能有丝毫的不确定性。

施工模型必须全面地反映系统。当用于包括结构和机电系统的冲突检查。当用于包括所有对象进度数据的时间分析。当用于成本管理，进度和成本数据成为所有对象的关键。

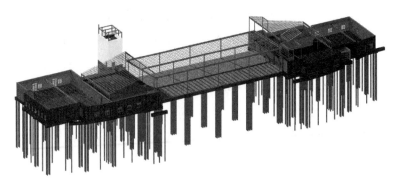

马里兰州索尔兹伯里——在验证过程中创建结构系统原型。集成化实践允许承包商更快更详细地查看项目

类型 5 模型可能依赖于某种程度的假设。但是，只能作为最后的手段。我们的目标是实际情况和成本模型。这些模型必须紧密地模拟实际情况。

190 虚拟设计与施工

建筑行业正朝着集成化实践的方向发展。承包商和建筑商也处在向 BIM 技术转移的过程中。他们已经意识到潜在的好处。业主也在推动集成化的发展。bim 工具的供应商认识到建造师也给他们的市场提供了机会。厂商定制的 bim 工具支持建筑行业。

随着你的业务变得更加集成化，会给你带来选择和机遇：

1. 传统的——你可以继续扮演一个标准的施工阶段的管理角色。在这个角色中，在施工期间你通过优化流程来支持业主。你作为建造师的价值围绕着快速决策、过程控制和协作。

2. 设计 / 建造——你可以从业主的一边或设计 / 施工商一边支持设计 / 建造。从业主的角度，你准备采购文件并过渡到一个在建设过程中项目的管理作用。

从设计 / 施工商的角度，你填补设计 / 建造师的角色，生产许可和施工文档。你的价值围绕结果可靠的报价表，快速的响应，并且协调团队的能力。

191　　3. 支持——上面的选项在正常建筑中的作用没有太大的区别。你可以选择支持类型 5 模型的建造师，然后通过施工过程管理数据。这个角色中有一些创新者。现在许多的建造师正在他们的组织里努力建立这种能力。这是一个明显的需求。企业将如何终结这一角色还有待决定。

4. 集成化——建造师也开始集成化。你是集成化你的实践。你有机会拓展并提供一个完全集成的服务或找到一个愿意与你一起用集成化的模式工作的建造师。他们就在外面。而且，今后将会有更多这样的人。

施工阶段集成化是一本书的主题。许多文章是关于以建立承包商为主导的组织。搜索和阅读它们。

你会发现可能性是一个启示。

运营与维护

192

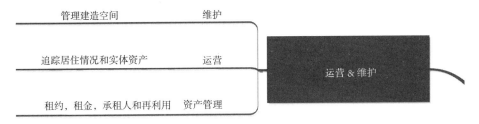

过程中的这一点会产生非常详细和完整的数字模型，可用于长期运营，运行模拟，计划项目的生命周期

类型 6——设施管理模型（FMM）

　　FMM 成为所有设施的档案信息。你在正常的业务添加数据允许模型随着时间的推移而增长。包括网络设施管理和长期管理的信息，你可以支持业主的整个设施生命周期。

　　传统上，规划、设计、施工、设施管理是生命周期的独立任务。从业主的角度，这些任务导致了额外的成本和效率低下。消除这样的浪费和低效是 BIM 最有益的部分之一。

　　作为一个企业的资产管理，设施通过被管理来优化其对组织的价值。bim 模型作为所有资产相关数据与外部数据库存储库联通桥梁，是重要的资产和组织。结构合理，业主可以集成传统设施信息、业务指标和标准。根据这些信息，他们可以自动处理更大的组合并使用他们

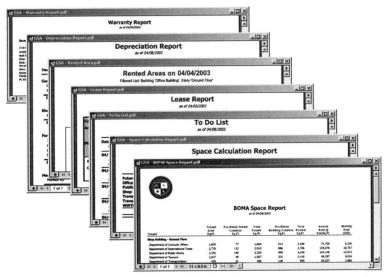

包含在你的模型中的数据，允许业主使用工具分析和监控设施，如商业智能的水晶报表。BIM 的权力和范围是允许组织使用设施作为战略资产来帮助他们更好地实现企业的使命

的设施，以便更好地实现他们的使命。因为大部分信息来实现这一好处是设计和施工阶段模

193 型的成果，这就变成了公司资源的有效利用。

　　FMM 工具是可用的，但不是在广泛使用。无论你是何水平，都可以使用模型来填充这些系统。你可以使用从 CVM 模型到施工模型的任何模型填充设施管理工具。FMM 系统剥离管理支持数据，成为物业管理工具。这些工具允许你通过设施管理数据库或 Web 服务器同步 bim 模型。

194

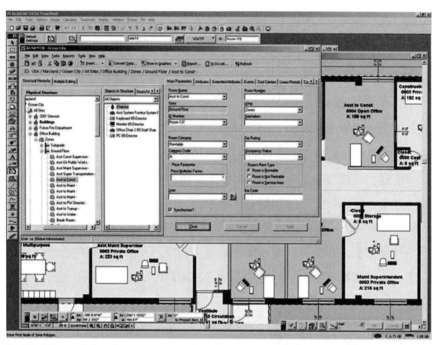

集成设施管理迫使你眼光长远，为了业主的利益最大化。除了连接数据，还有从许多别的来源，业主可以更有效地管理设施和他们的业务。管理、操作人员、排序，其他业务功能现在可以相互连接，允许快速和有效的分析和规划。不再必须让这些功能操作成为断开连接的任务

第 7 章

公司

你站在一个新的世界的边缘，公司规模大小真的无关紧要。科学技术使最小的公司也能竞争大公司霸占的市场。同样的工具也能使大公司拥有更多的市场。这两种情况下都需要改变如何处理项目。两种情况下公司都需要改变结构、流程和态度。

计划是在这种环境下成功的关键

世界变得越来越平面化。大建筑公司和小建筑公司之间的界线变得非常模糊。

这一切都因为技术已经发展到一个水平，允许小公司一对一与大公司竞争。小公司可以产生相同的设计质量，相同的图像和相同（或更好）的结果。通过战略联盟、可用的工具和网络，小公司可以与任何大公司竞争。

关键是要创建一个完全集成化的公司，他们可以使用可用的工具来利用你的资产和技能。创建一个考虑周全，精心策划和组织良好的公司。挑战先入为主的观念和设计公司，就像你会设计的任何其他项目。有这样一个公司，你可以更聪明地工作，创造更多的财富。

集成化实践比你们公司的规模更重要。在这个环境中小公司有真正的优势：

- 实现简单——小公司可以迅速适应今天的工作方式。他们需要学习，用更少的人把事情做完。
- 容易改变——小公司有一个很容易理解的层次结构。因为规模很小，已经是一个扁平化的组织结构，每个人都各司其职。
- 专注——一家小公司可以没有自己的技术和才能。他们可以专注于何时何地需要应用资源。

在这个环境中大公司也有自己的优势：

- 复杂性——一家大公司可以带来承担项目的优质的资源，这需要大量的准备时间。
- 大 / 高可见性项目——大公司能从多个方向把专业技能集中以应对大型多方面项目。
- 大客户——大客户通常喜欢与类似规模的公司工作。一家大公司能让这样的大客户带来一定程度的安慰。

197　　　无论你的公司规模大小，都应是灵活的，容易改变的。说实话，无论多么困难。关注你最擅长的专业技能和资产。消除平凡和无聊的工作。

　　　你所做的一切都应该追求卓越——无论你的公司规模大小。都应该按照大公司的标准做事。

BIM 适用于所有大小和类型的项目。它具备市场优势。客户会喜欢知道更多关于他们项目的信息。更好的成本控制和可预测性是有价值的商品

198 改变流程

　　　传统工作流程的设施规划和设计会受到来自许多方向影响。设施业主厌倦了浪费和错误。新闻媒体会曝光成本超支和管理不善的项目。建筑师纠缠与经费紧张和遵守标准以及不公平分配风险和回报。这些曝光源自这一工作流程还没有适应社会的变化。

你可以纠正这些问题，至少为了你的生意。建筑师往往选择传统方式来驱动我们的决策，而不是使用良好的商业意识。你可以做得更好。你可以改变，使用相同的解决问题的能力和训练，让你成为一个好的建筑师。你能决定你想如何进行。

变化可以是革命性的——丢弃以前的一切。你可以从头开始，创造一个全新的过程。

或者，变化可以是渐进的——在传统流程的良好部分上建立，取代那些无用的工作。你可以将新与旧结合。

无论哪种情况，以一种不同的方式做生意是我们想要的结果。你不需要有一个宏大和全面的战略。一个商业策略应该是自上而下详细观察你如何做生意。

这本书并不关注策略，而是要求你从头开始。它给你的策略是着眼于发展技术，让传统方法创造出新的业务方式。

没有建筑师喜欢限制他的设计过程。限制似乎是有人在实施控制。限制似乎是一件坏事。这就变成了一个建筑师抵制过程变化的主要借口。

199

有人说，这是未来所有的问题开始的地方。事实是，建筑师没有做好合理利用设计资源的工作。在大多数办公室，设计过程仍然是线性的。这使得很难在早期设计过程中整合生产建设的文档。它使参与运营和管理变得困难。

在不改变传统建筑过程的前提下实现 BIM，充满了问题。

设计过程往往成为一个开放式的研究和探索的过程，这花费了太多的时间。因为建筑师重点研究和探索设计问题，所以他们把许多决定推迟到设计阶段以后。设计研究和决策过程持续到制图。

此外，由于他们不在最佳时间作决定，导致施工图成为能否盈利的焦点问题。通常，当设计师构思一个解决方案，然后把它交给其他人实施——因为断开连接，所以要负责许多未来的问题。关键的决策太迟了。

通过被迫返工之前作正确的决定，你将对最终产品有重大影响，它将是花费最少的。

第 8 章

人员

通过更好地支持你的客户,你会变得更有价值。你通过你的素养和自身技能综合信息。你扩展你的能力、设想和管理复杂的过程。

任何组织的主要担忧之一是人力资源。理想的员工是围绕如何支持客户开展工作的。回想到丰田生产系统,你站在客户的角度而不是站在生产的角度驱动流程。

在集成化的开发环境中实现这一目标是一个快速发展的过程。它需要用不同的技能和不同的方式看待员工。它并不适用于支持大多数公司已经建立的组织结构。在一个集成化实践中,人力资源结构是扁平的——甚至是高级员工也要参与其中。

集成化的组织结构是非常流畅的。挑选最好的团队完成每个项目。你所有的关键工作人员要参与到各种流程中。通常,你促进每个人都掌握更加多样化的技能。

你正由集成化实践组成的框架内寻找合成数据和问题解决的能力。

显然,不同的员工将有不同的技能。你用最优方式使用员工的能力。你可能会发现在交付的过程中,自己在不断重组那些有高度创造性的员工。

你会发现很难在这种环境下创建组织图表——人员关系改变如此之快,在可以打印之前就有变化了。今天做的项目组织结构图,可能明天就变得非常不同。在集成化实践中,在正确的时间得到最好的人比组织结构更重要。

经验表明,几种类型的人对你的发展很重要。

从一个愿景开始

"得到"雇用人员

人们的愿景是你的首要任务。如果你已经成立公司，这些人将是完成改变的代理人。如果这是你新建的公司，这些人将决定公司发展的步伐并定义你的集成化实践。

为简单起见，我们称个人或团体为"变革推动者"。变革推动者（CA）必须能够沟通愿景并克服来自日常工作的自满。CA 必须建立足以克服任何障碍的力量。随着时间的推移，CA 将过程融入公司的各个方面。

203　　　变革推动者需要成为公司领导——理想情况下，他是公司权利最高的人。不要委派中层管理者或计算机专业的员工。如果你这样做，你可能会浪费大量的时间和精力。

我们很少讨论因授权这个职位而带来的失败，因为他们是令人为难的并且会影响公司的流动性和稳定性。永远记住，这是组织范围的变化过程，不是一个软件变更。

在一个小公司里，变革推动者将扮演所有角色。在其他公司，领导人可能是 CA 并会得到许多人的支持。每个人都是这个过程的一部分，从下到上。一开始，可能"得到"两个员工的支持。随着其他人加入到流程中，CA 得到的支持会越来越多。

变革推动者的团队应该共同努力，创建一系列小的成功。以身作则，是把集成化实践嵌入你们公司的最强方法。随着越来越多员工的认可，这个过程将会达到这样一个程度——每个人每时每刻都这样做。

当你明白这一点，CA 必须不断加强这个过程。通过持续的关注，你可以充分受益于集成化实践。随着时间的推移，你会发现你的员工将达到一个高水平的工作流程。你会发现最适合自己的才能。你将创建新的职位，因为你变得更适应这个过程。

为了提供集成化流程，我们创建了一个新的职位描述——4SiteManager。4SiteManager 是一个项目经理，它需要理解集成化过程的需求和成本约束。

204　　　这个工作增加了责任，要积极寻找可以消除重复的地方。它需要实践工作能力来使用 bim 建模工具和数据结构来管理信息。4SiteManager 表明业主的提倡——寻找业主的短期和长期的利益。灵活性、开放性以及广泛的理解力，这都是一个人可以胜任这个位置的标志。

一个新的流程

当你谈论集成化实践时，会出现另一个人员配备问题。问题围绕着如今的"CAD 经理"。在一个集成的过程中，CAD 经理的位置是多余的。如果 CAD 经理可以改变集成化实践的作用，他们就不用担心生计。

集成化实践提供的 BIM 不是应用程序驱动的。它不是关于加强或支持应用程序。如果你关注这种方式，你可能会最终低于最优结果。更糟的是，一些公司的集成化实践和 BIM 应用在经过两年的测试和训练后才开始。

你的 CAD 技术经理可能是你最熟练的员工。但是，这个过程并不是技术。它是关于用集成化实践创造更好的项目并让业主更加满意。

这样做依赖于简单的、易于管理的标准，而不是高度复杂标准的 CAD 系统。你创建的任何系统或采用必须简单。

在这个领域变化和创新的步伐可能会需要更多的努力。应该有人系统地跟上最新的创新技术和产品。这个人应该积极地监控博客，参与正在进行的论坛并测试可用的新工具。理想情况下，有人必须能够创建网站和网络应用程序。所有这些的目的是确保你的项目有最简单经济的工具。

一个专家级能力的人是 bim 模型解决方案的一种宝贵的资源。然而，许多应用程序中人员是流动的——不只专注于唯一的流程，这是新标准。这可能是你当前的 CAD 经理——或不是。

但是，你做出这种改变，意识到你不能放弃领导集成化实践。集成化实践把 BIM 当作是一个核心业务流程，它要求主管领导。它需要在你的组织中有强大管理能力的人。经验表明，如果你离开这个中层管理或者把它当作 CAD 管理，你可能会经历不同的结果。在这个过程中你可能会失败。

领导

随着你的流程的发展，你将开始看到需要管理更广泛的专家。心理学家、经济学家、安全专家、会计师以及如今的业主需要的其他支持。

组织一个团队能够提供全方位的综合服务，这在大多数市场是困难的。幸运的是，建筑师受过的训练使他们有能力管理过程。今天的通信技术使你能够与这些专家一起工作，即使与他们相隔遥远。

为了提供真正的价值，确定个人和公司能给你的团队足够的支持，对客户很重要。与他们建立联盟。

建筑行业正变得越来越多样化。业主也是如此。建筑师发现，他们不能亲自提供今天要求的许多服务。

建筑师理解并能支持所有地区的建筑环境，这个流行概念是有缺陷的。几乎每一个项目都包含一个或多个专家，即便是在不太遥远的过去。在建筑环境中有许多"非建筑学"专业人士提供价值。

> 我们创建 4SiteSystems 系统的目标之一是提供一种方法简化我们的能力去集成非传统团队成员和 BIM 技术的优点。
>
> 这发生在定义问题、确定成本和创造成功的早期策略的过程中。你在一开始就用制定决策和设计约束。然后与建造师密切合作，确保项目按照计划和预算建立。然后添加长期管理的信息。
>
> 你简化过程便于专家输入集成化内容，因为他们输入的是真正有价值的内容并在问题发生前制订计划。

207　　这些联盟的结构允许信息自由流动。带头将其集成进 BIM 的过程。

甚至如机械、电子和结构工程师，这样紧密联合的专业人士也可能需要支持和教育，帮助他们跟上你的集成化过程。

有些专业人士已经在集成规划、设计、生产和运营方面使用集成化方法。而大多数人还没有用过。

集成化实践提供了一个框架，关注于适应性和设施的生命周期。这个过程要求你学习如何提供远远大于传统流程的价值。在一个集成化实践中，公司的人员、客户和顾问在一个以信息为中心的世界里合作提供价值。

请记住变化的要求：

- 愿意改变业务和设计流程。
- 承诺接受新技术。
- 高水平的责任意识。

这个过程需要真正的领导力。

> 工业设计师提供了一个很好的例子，如何更好地集成。比起建筑师与建筑的建设和运营的集成，工业设计师与生产过程的集成更加紧密。
>
> 他们理解并集成生产、运输和销售。
>
> 如果一个工业设计师创造了一个不能经济生产的产品、包装和销售，会发生什么？
>
> 为什么不是同样适用于建筑师吗？

第9章

时间

使商业决策成为一个集成化实践是一大步。这需要时间和承诺。这个过程需要计划和深谋远虑。安排时间去把它做好。

在这一点上，让我们来看看几个重要问题：

- 如何成功地转变我的员工，让他们使用一个集成的方法？
- 应该需要多长时间？

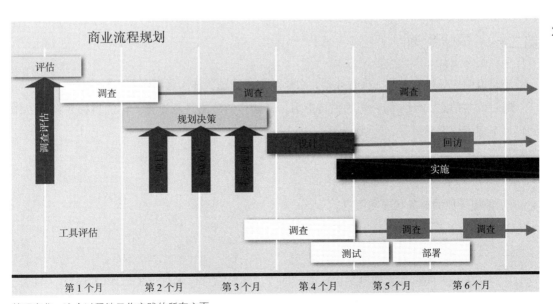

管理变化。这个过程涉及你实践的所有方面

这些问题没有一个简单的答案。每个公司都会有点不同。你的公司比其他公司有不同的资质、资源和技能。你的公司有不同的客户，不同的市场。由于这些因素，让你转变成集成化实践的时间表会有所不同。幸运的是，大多数公司的步骤将是相似的。

第一步：评估准备

你准备好集成化实践了吗？

你要从自省开始。思考你如何做生意。思考你如何与你的顾问和供应商相互作用。理解你的客户如何应对新的经营方式。评估生产的文件和你的员工如何应对变化。

一些人发现战略论坛建设的集成工具包（http：//www.strategicforum.org.uk）对于评估他们的地位是一个有价值的指导。

该网站包括一个在线评估（http：//maturityassessment.dessol.com/about_you.php），给出了如何衡量你的等级。记住如果你使用这个工具，度量制是以英国的建筑行业为标准。为了在英国以外的地方使用，它需要修改。

211　　　你会发现这些评估中的问题提供了一个良好的回答，告诉你集成化去往何方。它将帮助你了解你应该集中时间奋斗的领域。

其他公司通过多个员工独立完成成熟度评估得到有价值的数据。他们发现用员工是否明白集成化实践的真正含义来衡量他们的价值。它为进一步的讨论提供了一个很好的起点。

你应该为这个过程留出几周时间。

第二步：策略规划

你知道计划是很重要的。没有计划，会反映你的问题。你永远不会获得领先。

通过收集信息关于你们公司的独特魅力，开始你的战略规划过程。你的目标是在你工作的环境下理解你的公司。

- 清晰地定义你的集成化实践目标。
- 清楚地记录你的财务状况和历史。
- 清楚地记录客户和市场。

作为这个基准测试和头脑风暴过程的一部分，你可以选择进行一个正式的 SWOT（优势、劣势、机会和威胁）过程，识别和评估你的情况。

> 没有明确地定义你的目标并达成一致意见前，不要开始 SWOT 分析。

你做 SWOT，评估影响你公司的内部和外部因素，你的公司内部的优势和弱点以及外部的机会和威胁，要将其分开。

SWOT 分析使公司专注于其优势，以减少其弱点，解决威胁，利用机会。

需要足够的时间来做你的计划。在你前进的路上，这段时间会被追回来。

用几个月的时间做战略规划。

212

第三步：设计你未来的公司

开始计划你的集成化设计过程。从你的评估结果入手，开始找到最好方法来强化你的优势并减少你的弱点。制订计划利用你的机会并防御威胁。

把你的计划分解成小块并确定其优先级。写一个实施计划。创建一个计划，逐步构建并实现小的可见的成功。

- 你将来想做什么？
- 你将如何满足你的战略目标？
- 五年后你的公司会是什么样子？十年后呢？

> 如果不把你的计划投入整个公司，你失败的概率会大大增加。

发布你的计划。介绍给所有你认识的人。说明它的重要性。你不能过于强调你的计划。它的重要性必须得到你们公司每个人的认同。

213

设计过程可能需要若干次反复。使用这本书中介绍，并以自己的技能和经验作为起点。

设计需要两个星期到一个月的时间。

第四步：实施

在规划设计的过程中，3—4 个月已经过去了。显然，一些人能快速完成这个过程，而其他人可能需要更长的时间。现在你已经准备好开始了，你知道要去哪里。

你的计划已经就位。你对你的未来有所展望。现在开始做点什么。不要痴迷于一个完美的计划。最好是（和更有利可图）花时间做事，即使这需要改变。

这不是一个静态的过程。它会随着时间改变。

找到机会来分享你的成功，无论多么小。继续交谈并保持专注于你的计划。

完成它。

> 使用本书作为你的向导。在一个 bim 的环境中，开始发展你的项目。找到新的方法来创建小的成功。把你的新过程告诉你的顾问。市场会认可你的新能力，真正以一个集成化的方式工作。成为一个集成化实践的传播者。

214 第五步：回顾

集成化实践不是静态的。事实上，它每一天都在改变。正因为如此，你的计划应该是流动的并有很强的适应性。

集成化实践是一个变化过程。任何程度的变化，都会造成事情的不完美。你会犯错误，遇到障碍。关键是坚持到底并不断调整。

你应该计划一个定期循环，回顾你的策略和解决方案。当你有了进步或成为专家时，再去调整它们。一个集成化实践需要成为终身的学习者。

一开始，你会发现自己在不断调整和修正。当你工作时，你应该每季度或每半年评估一次你的状态。

成为一个集成化实践需要时间和承诺。

> 你没有必要一次性解决所有问题。现在，你可以做能做的事。随着时间的推移，你将能够与 BIM 的大世界建立更多的联系。一步一步开始计划和构建流程，直到你实现集成化。

第 10 章

效益

BIM 和日益增长的可持续性理念的融合，为建筑师提供了一个机会参与建设的整个过程和类型丰富的项目。建筑师可以为设施业主和各自的团体提供真正的价值。

这个融合的过程还为建筑师提供了几十年来最好的机会，向业主和客户重申其价值的机会。他们的核心市场是设计。

建筑师能够高水平地综合信息和管理复杂的过程。因为有这些技能，所以他们很适合领

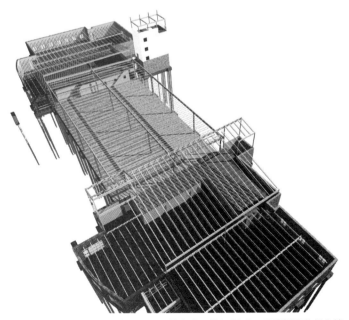

马里兰州索尔兹伯里——你分析项目的方式，曾经耗时几周并需要花很多钱

导建筑信息模型过程。集成化实践将帮助他们维护自己的职业荣誉，让他们稳定地前进并远离风险。

使用如 4SiteSystems 这样的工作流程，无论建筑师的等级高低，都可以提高他们提供的服务。

216 这些过程促进及时决策、消除重复并能在需要的时间和地点提供正确的数据。

更多的收获

当你提供了集成服务，你就能帮助客户作出更好的早期决定并节省他们的资金。他们将看到传统设计过程所不具备的直接好处。你的工作开始在建筑行业的所有部分受益。每个人都会获利。

217 一些来自集成化实践和 BIM 的好处包括：

减少风险

你把业主带入更有协作性的工作方式。你帮助他们制定早期决策，支持并确保项目的成果。

- 虚拟设计与施工能降低风险。
- 你能更好地承受公众审查、政治气候和资金讨论。
- 你会发现错误——在他们造成显著的资金、时间或痛苦之前。
- 在最低的合理成本情况下，你必须保证质量。
- 你在施工之前先交付建设模拟——从而减少误解，加快招标过程，减少额外费用、纠纷和索赔。

管理变化

- 变更单、错误和损失都越来越少。
- 你简化新的团队成员的集成化流程（CPTED、应急服务、工具开发人员、心理学家、制造商等）。
- 在多元化和竞争性的服务领域，客户类型更加广泛。
- 给你的产品重新订立目标，为下游企业提供支持，帮助你的工作产品分阶段交付。

创造清晰

218
- 尽早研究组织结构和物理需求从而深度的运营问题。
- 获取情报和规则。它能帮助你开始认识管理过程。
- 为你和你的客户更快、更好、更低成本的管理约束。

提升盈利能力

- 更高比例的高级职员和大幅降低的招募时间是项目更高效的原因。
- 新项目节省 8%—15% 成本的经验。后续项目重新使用这些项目数据能增加 8%—35% 的盈利能力。
- 在早期阶段更准确的成本估算。

改善沟通

- 在业主、设计师、建造师和有独特的团队新成员中间创建、管理和集成高性能的沟通。开发更有效和更简单的协作工具。
- 在快速发展和竞争的市场环境中，构建多元化的团队。
- 促进所有团队成员的全面参与。

提高效率

219

- 改善项目控制——你可以更好地持续地进行决策。
- 你更多的时间和精力从事设计工作——有些问题能在听 CD 时"解决"。更好地协调文件和更有效率的修订过程。在起草文件上花费更少的时间。
- 你用更少的时间产生更高质量的结果。
- 你可以构建复杂的几何形状。使用最新的实时的信息。为你的客户创建即时图像。

更可持续性

- 这个过程本身是可持续的。
- 你建立项目数据库，以此来预测和管理未来的变化。数据连接设施管理数据库就能得到快速的投资回报。
- 业主能直接看到他们的运营优势，这些优势不是来自正常的业务流程。他们明白为什么这种方法省钱。他们可以很少或没有额外的成本，最终更易管理设施。
- 你把设施管理和 GiS 集成，能更好地长期管理和运营设施。
- 你改进问责机制。
- 你提高效率并允许一个更多样化的实践。

第 11 章

注意事项

了解过去可以让你避免重复同样的错误或做同样的工作。今天的技术，你可以创建一个更可持续的、相互关联的环境并创造利润。使用工具和流程，消除重复而使客户的设施和运营效率最大化，你会变得更有价值。

当你读过这本书，你已经探索了集成化实践的过去。A·托夫勒帮助我们明白"你不能独自运行社会数据"。还是 B·富勒的想法有道理。我们真可以"少花钱多办事"。许多来自他们的概念驱动我们的世界发生改变。

我们理解的概念已经成熟了。然而，成功实现他们想法需要多购买一款新软件。找到合适的工具和你做生意的方式去适应这种环境，这对成功是至关重要的。

20 世纪 70 年代的每一个绘图室似乎都有一个吝啬鬼

这是他的（他们都是男性）工作是给每个人分配任务。他的桌子通常是在开放的工作室（工作室必须是开放的，因为这是最新的创新）。

从这个高处，他总是听到断断续续的嗒嗒声，意味着有人画点绘图并浪费时间和费用。在牛皮纸上，太多的墨水是对可怜的罪犯的痛斥。过度画点画绘图室的恶魔，他要为损失利润负责、延迟图纸交付的公司一般无法赚钱（原文如此）。

虽然夸张，但这种描述是很常见的。很可能过度的描述细节的问题从法老时代就存在了。

今天迈出你的第一步。2008年，绘图室变得不同了。没有制图桌了。20世纪70年代的标准工具现在进了博物馆。以铁腕统治绘图室的脾气坏的人消失了。今天合作和技术产生成果。现在，如果你有一个笔记本电脑或一个平面显示器，一个快速的电脑，一只鼠标和一个iPhone，每个人都应该走出你的方式。世界在你的指尖。你可以做这一切。

你设计实践的方式将取决于你的生意现状和你想要努力的方向。你改变观念，探讨如何用建筑信息建模和一个信息丰富的过程，设计你的集成化实践。

当今世界提供了许多机会。这些机会围绕着陷阱，会导致你走弯路。当你开始你的探索时，要牢记这些警告。

223 销售获利

建筑师面临许多困境。他们梦想设计最终级的项目。他们追求完美。他们努力保持领先，因为如果他们不进步就会被其他人超越。他们的反应是紧握图纸，变得不敢冒险。然后他们冒险公开分享他们的概念和创新。

建筑师们有很好的理由担心他们的知识产权，因为社会把建筑师的一切价值放到网上共享。当出现问题时，这会使他们成为众矢之的。建筑师会有很多损失。幸运的是，集成化实践提供了解决方案。但它也造成了混乱。

整体信息建模问题的复杂性，很容易使人抓狂中很难让人理解真正发生了什么。不良信息使业主很难得到他想要的东西和需求，甚至使建筑师更难找出最好的方法。这种混淆导致人们继续用传统的方法工作。

你可以介入并开始做正确的事。你可以为你的公司收获利益。你不需要告诉世界，你只需要做。如果你忘记技术和给客户生产伟大产品的初衷，只为卖个好价钱，他们会购买它的。他们通常不会想知道为什么会这样。这就是为什么我们创建了4StieSystems。

你会发现出售这项技术并不是一个成功的策略。当你出售的好处，只有你可以做，而别人做不了，你的盈利会上升。

224　　最近我参加了一个公司的演讲，应该是一个"BIM领袖"和300名员工。该公司的首席信息官介绍了情况。他们犯了至少5个明显的理论错误。显然，供应商已经把信息的地位放在更重要的位置。他们使用软件，但仅此而已。

今天我读了编辑寄来的信，关于最近一篇在主要建筑杂志上发表的BIM文章。几乎所有内容都是以应用程序为中心。他们强化了一个普遍概念"某应用程序曾经不能够做到的事，现在也做不到。所以我们为什么要提高每个人的期望？"

带来好处的是销售一体化，而不是技术。

大多数人不关心技术是如何工作的。当你向他们证明，他们可以更早地看清项目，可以作出更好的早期决定，可以得到确定结果，他们就会购买到你的概念。他们想要得到好处，但他们不在乎你如何得到好处。

当你试图解释什么是 BIM，人就会变得目光呆滞，因为这对他们并不重要。它太复杂了。又何必浪费力气解释它是什么呢？想做就做！

业主曾经尝试过改变

在过去的 30 年里，设施的业主已经花了很多钱来实现新技术。通常，他们扔掉旧系统，每次都用新系统或新方法从头开始，这已成为惯例。每一次新的尝试，他们必须承担新成本并且替换其整个系统。这么做资金花费巨大。他们失去了惯性、资源和信息。

生产和归档施工文件是业主多年来不得不改变的一个例子：
225

- 在过去，业主用墨水写在牛皮纸上或铅笔在纸上存档。他们需要数据时有人查找并现场验证他们的"纸质"记录——这是一种久经考验的方法。

- 然后他们改用塑料聚酯薄膜为媒介。这种变化花费的成本很少，对业主来说没什么改变。事实上，这种媒介提高了业主管理档案的能力；

- 然后条形图合成系统被开发出来，它是后来成为复杂的 CADD 图层的前身并挑战了主流建档方式的地位。

- 然后大业主投资了 CAD（计算机辅助绘图）的大型机。为了促进这种变化，每个步骤都花费了很多钱和技术，但是很少考虑到档案数据的实际情况。数据丢失是由于格式不相容和磁带驱动器，所以它很快就过时了。

- 然后 CADD（计算机辅助绘图和设计）被搬到微型计算机上。由于软件修改、格式不相容、软盘和温彻斯特驱动器等问题，归档数据继续丢失。

- 最近，基于个人计算机的 2D CADD。由于缺乏互操作性、标准的复杂性和缺乏长期存储媒介，归档数据继续丢失。文件系统变得如此复杂，对硬件的依赖导致难以快速存取档案。

- 然后几个业主转向笔记本电脑上的 3D CADD。数据不是数据库驱动的，通常不是可互操作的，这不符合标准。

- 现在 BIM 和集成化流程出现了。

或者，他们停止并持续的研究可用性的问题。对业主来说，以 BIM 为代表的信息驱动的方法和集成化流程，可能是从"扔掉它并重新开始"的方法转变的最终一步。这对他们来说是一个可行的方法，重新使用他们设施的信息。

226　　　用互操作的流程，业主可以重新使用旧信息而不是每一次都新建系统。

我们的目标是找到一个长期解决方案，避免每一次遇到技术革新都要从头开始。BIM 是中立的软件，它用标准化和可共享的格式维护数据。任何新技术都可以读取和操作这些数据。

这就是为什么行业基础类（IFC）标准非常重要。你能在一个互操作的格式下循环读取数据文件存档，而不是重新开始。

然而，数据互操作本身并不能解决问题。这就好比市场上的每一个软件产品都可以神奇地"说话和理解"其他产品一样，这个问题不会消失。这是因为在大多数人的经验看来，这个问题围绕着信息的归档和恢复。

你是否经常会遇到，用 v.12 版本的软件无法打开最新版本 v.13 的文件？有多少次你发现 5 年前用软盘存储你完成的工作，如今却发现你的电脑没有软盘驱动器？有多少次你试图读取一个 6 年前刻录的 CD，却发现是不可读的？这些日常事务往往掩盖互操作性的问题。

分布式和镜像模型服务器备份技术，将解决这些问题。同时，你的系统应该包括能让你的归档数据保持处于可用状态。否则，它有什么用处？

227　业主需求的变化

传统的项目交付过程缺乏合作和信息共享。

> 研究表明，业主认为有 85% 的项目存在进度滞后和成本超支的问题。

在建筑业中，业主可以不再依靠传统的制衡保证结果，因为这个行业是混乱和不可靠的。

婴儿潮一代的退休问题会造成一部分人才流失。每个企业都在快速失去经验丰富的员工。有经验的人退休，使整个建筑行业失去了知识资源。雇用有经验的资深员工变得越来越难。

知识渊博的员工的损失，使得效率低下和缺乏工作协调性的瘟疫蔓延到了整个建筑行业。

失去了有经验的员工，公司倾向于依赖基于任务的自动化来纠正这个问题。缺乏高级职员造成的错误和其他问题的恶化，作为建筑师没有找到有效的方法来获取知识并使它可用于下一代。即使在今天，其他专业人士正开始做的任务被认为是理所当然的，是建筑服务的传统部分。

知识型员工的流失和其他专业人士竞争，使一些建筑师对于建筑行业的生存感到恐惧。

一些调查预测，50% 的高级经理将在未来十年退休。

2004 年，美国国家科学与技术研究院（NIST）发布了一份题为美国资本设施行业互操作性不足的成本分析报告。报告记录了当前方法是不可持续的。

通过纠正脱节的过程，NIST 预测每年超过 158 亿美元的救助（行业总收入的 1%-2%）。显然，业主将获得这些救助的最大一部分。NIST 估计业主的救助为 106 亿美元。建造师的救助份额估计为 18 亿美元，制造商和供应商分配额外的 22 亿美元。建筑师和工程师们的救助份额估计为 12 亿美元。

228

如果没有找到解决这些问题的方法，在未来建筑师是否会发现自己只能负责项目美学？

基于规则的系统和建模工具使其他专业人士在许多领域能够提供高性能成果，即使这些在传统上被认为是建筑师的领域。可以认为，这些服务达不到建筑师提供的服务标准。然而，在某些情况下，业主愿意忍受这些损失，避免他们在传统的过程经历的问题。

业主团体积极纠正这些问题。一个活跃的业主团体是建设用户圆桌会议（CURT）。他们的目标是"为建设用户创建战略优势"。

CURT 文档作为一个建筑行业的警钟。他们已经为业主领导建筑工业所需的改变提供了一个对策。可以说他们负责建筑业最近关注的 BIM 和集成化实践。

2004 年，CURT 发出呼吁行动白皮书，题为：协作，信息集成化和建筑设计的项目生命周期，建设和运营。

在白皮书中，CURT 发布坚定和明确的信息——停止相互指责，诉讼，责任感的缺失似乎一如既往。

2005 年，CURT 跟进第二个白皮书，优化施工过程：一个实现策略。

229

业主、承包商和建筑师在协同工作上的领导能力对行业的未来是至关重要的。2006 年，美国建筑师学会（AIA）、CURT、美国总承包商（AGC）开始共同努力改变建筑业。这个共同的行动关注互操作性、协作、风险管理和集成化过程。

不幸的是，这些行动大多是主动权重叠并相互分离。正如 NIST 确定由于缺乏互操作性对建筑业的损失，这里也存在同样的问题，这源于许多组织对集成化和 BIM 的理解。

美国建筑行业的复杂性和分裂造就了互操作性，即使在这个层次上，也是一个重大的挑战。

即使用这些挑战和由集成化实践、BIM 和基于规则的系统代表的新工艺，一些建筑师似乎只是嘴巴上为客户担忧。

如果建筑师不做什么，有人会想出一个方法整合他们的存在？

230 面对这些问题，你可以找到答案。你可以设计实践提供价值，克服 CURT 提出的问题。让别人考虑大局的问题。对于我们其余的人来说，问题必须由一个建筑师解决。

简单、简洁的标准

今天，与 BIM 相关的大部分内容被用来开发未来的标准。一些人问"谁能真正遵循这些复杂的标准？"

简单和简洁的标准很有必要。没有这样的标准，BIM 可能永远是边际技术，无法实现其潜力。

NIST 通过 BuildingSMART 计划的初稿已经发布在国家建筑信息模型标准（NBIMS）的第一部分中。BIM 文档是国家 CADD 标准（NCS），是平面化的 CADD。与 NCS 一样，你可能永远不会需要关注 NBIMS，然而它却能影响 BIM 在美国的发展。随着时间的推移，NBIMS 可能是这个行业应用 BIM 和集成化的一个主要影响。

标准往往不能执行。当标准不能执行时，它会成为发展生产力和重点工作的障碍。我们意识到，标准的开发和验收需要很长时间。

据坊间传言，试图遵循标准的总是那些庞大、复杂、总费用高的政府资助项目。然而，这些项目只占美国建筑市场总数的一小部分，尽管他们是非常显眼的项目。

231 你应该关注于开发标准，帮助开发标准就会出现机会。

这一切正在发生，你应该向前推进。成为实现 BIM 的基础程序的一部分。在每天的每个项目中使用 BIM。BIM 简化你的工作，你现在就可以使用它。考虑到这一点，记住对 BIM 使用的标准必须是简单的。如果你想让别人跟随你的标准，这些标准就必须简单。创建相应的内部标准。

许多高度发达的标准试图控制平面 CAD 的生产环境，使之完全专注于特定的应用程序。在大多数情况下，它们不会增加 BIM 的工作流。当你使用一个 BIM 的解决方案，你通常可以抛弃他们，这不会妨碍你的工作产品。

官方 CAD 标准是以价值为目标。然而，他们倾向于复杂性。他们使引导和理解变得困难。

你不能为一个特定的实例系统强加于所有实例。他们是不能转变的。他们本质上是改变的障碍。

一个使用 BIM 的集成过程必须灵活，并能在项目、任务和员工之间简单的转换。它需要每个人的理解，没有数据表和规则手册。它需要共同的和可以理解的名称。当你开始时，只有少数属性可以定义。完成几个项目之后，可以扔掉一切不必要的流程。剩下的就是一个标准化的 BIM 办公流程。

保持优势

232

有一天建筑师的工作流程将与施工过程高度集成。总有一天你会经常与整个团队分享电子模型。总有一天你会看到投标减少，其他所有的成本和利润与市场挂钩。然而，这些都是未来的可能性。

今天的现实是，在一个集成化的过程中发出招标和施工文件。在一个集成的过程中，你必须有相同的地方。所不同的是，工作已经改变。

一个普通的传统工艺是这样的：

- 你先创建设计概念方案设计，等待业主批准。这个批准需要很多的信心和信任，因为你提供的美学之外的真实信息很少。
- 接下来，在设计开发过程中，你定义和开发项目的系统。到目前为止，这个过程是在设计师的控制中。结果取决于设计师的能力和知识。
- 接下来，这个过程将文档切换到一个生产建设团队。你继续作出重要的项目决策。细化大部分项目的细节。

如果设计师能够完成所需的决策并且设计过程根据预算进行，那么制作团队的工作就简单了。

如果不是这样，他们的工作就会遇到困难。他们发现自己不得不重新解释和实现设计师的工作。有时与他或她的密切参与。有时没有输入，而试图弥补对设计费用造成的损失。

难怪建筑师会成本超支和犯错误？

233

通过一个集成化的过程，你可以扭转这种情况。你开始接手时大部分施工图的工作已经完成。你制定关键的设计决策包括他们的原型。你已经确定了原型中材料的选择。生产模板将生成规划文本，包括高度 – 截面 – 细节 – 时间表等。所有这些都是协调的、有标记的，并且都用你喜欢的格式。

如果你的工程师和规范作者使用能兼容的系统，那么他们的工作也是协调的，包括冲突检查和相关项目的索引。你的努力生产施工图实质上是清理和包装工作。生产团队没有重新诠释或等待决定。他们收集文件。这样更可控并有预见性。

过度完美综合征

建筑信息模型和共享信息可以在你的电脑中复制真实的世界。用足够的时间和精力，一个模型可以有许多属性。

模型和工具中已经存储了很多信息。这些信息几乎没有成本，因为它是被"捕获"的。你必须添加信息，因为每个模型都需要某种程度的定制，以匹配现有的条件或反映设计。

234   你需要制定计划来管理这些信息。每一个阶段的具体信息和细节是完成工作所必需的。理想情况下，你只需要把这些信息输入模型中，仅此而已。项目模型的信息太多会导致生产力下降。

文件的编制可以极大地影响一个集成化过程的结果。

自我检查

如今，建筑师这个角色是建筑环境中一个很小的部分。世界上大部分的工作都与建筑师毫无关系、与建筑师的理念背道而驰。研究表明，大多数人甚至从来没有见过一个建筑师。研究也表明，大多数建筑师紧密关注"传统"的核心业务，他们很少注意在方案设计或施工后会发生什么。奇怪的是，许多建筑师似乎认为建造世界围绕着他们。事实并不是这样。

建造世界中有一个更大的建筑师从未涉及的地方。集成化实践为建筑师开辟了通往这个世界的道路。业主强烈呼吁需要更好的集成化过程。他们看到建筑信息建模技术是让建筑环境成长的方法。他们正在探索如何纠正该行业的问题。

235   建筑师，很大程度上已经放弃了更大的问题而去关注设计和施工。因为这个狭隘的观点，许多人并不认为建筑师是集成化的关键。许多建筑师意识到他们的技能不满足集成化流程的需要。

在基本层面上，建筑师综合信息并管理复杂的过程。很少有人能掌握这些技能。通过集成化实践应用这些技能，让建筑师关注与用他们的技能来解决困扰着这个行业的问题。

集成化是一项团队运动。建筑师管理团队。不仅是设计团队。使用这些技能，建筑师是领导集成化进程的理想候选人。然而，成为这种引领变化的人不是件容易的事。除非很多事情改变，否则建筑师也不会成为这些团队的实际领袖。

有技术的业主、承包商、工程师和未经授权的专业人员都能探索如何引导过程。这些专业人士质疑建筑师作为一个领导角色来纠正这些问题的能力，因为建筑师通常不会"采取行动"。

　　BIM 和集成化实践使建筑师可以扩展到之前从未涉及的地方。然而，在那发生之前，人们的一个错觉就可以限制一个建筑师的选择。

　　采取行动并实现它。

236

在切萨皮克湾附近的锡达岛沼泽——BIM 和 GiS 工具让你把关键环境对项目的影响降到最低

现状

　　本书是设计来帮助你了解建筑信息建模和集成化实践，它们可以让你的生活更好。

　　解决方案开始形成于 20 世纪 70 年代。70 年代是一个混乱、冲突和改变的时代。在 1972 年，麦戈文输给了尼克松。到 1974 年，尼克松辞职。鹰图（Intergraph，软件供应商）发展迅速，AutoCAD 并不在同一水平上。反战运动正如火如荼地进行着。软盘和微处理器最近已经出现了，但我们大多数人还在打卡。多数认为丰田是一个廉价的进口商品，针对那些资金有限的人。福特汽车公司是黄金标准。未来主义盛行。可能性是无限的。

关于失去动力的故事

237

　　在经济衰退的时候我离开了研究生院。工作岗位稀缺。9 个月后，我得到了我的第一份工作，在一个"真正的"建筑公司。

他们是逐步发展的公司。他们很关注生产力和盈利能力并学习如何仔细做预算和管理项目。他们不断寻找更好、更有效益的做事方法。他们接受覆盖制图、拼凑和其他任何能更快完成项目的方法。

他们是一个非常注重细节的公司，默默地控制第一个认证施工说明（CCS）。他教会我关注细节。

公司的高级设计师设计一个草图。我们其余的人完善细节。我们消除了问题。只要有人努力并花费时间解决冲突的时候，我们学会了大部分的问题。作为退路，公司有专人全天管理施工过程以发现任何其他人的过错。

他们做设计 / 构建和设计 / 构建 / 售后回租，但大多数项目是设计 / 报价 / 构建。我的第一个项目与一个机构施工经理合作，开始于 1980 年。

在 20 世纪 80 年代中期，公司开始发生变化。规范作者退休，我离开了，他们不得不雇用新的经验较少的人。人们批评了他们几次，通常是因为做错了事。建设行政主管部门将不再谈论他们的错误和冲突。

高级设计师为了帮朋友，开始接受滨水区项目。他没有时间去处理细节，也没有人有足够的经验可以为他做这些。他们从一个高利润率、高发展和有活力的公司变得默默无闻。他们失去了动力。

委托人主体充分知道他们需要改变一些事情。他们雇了一个管理顾问，但也没有成功的把握。他们试图合并但没有成功。他们做了功能性的变化。

在 20 世纪 80 年代中期，我回来再担任一个领导角色。我的合伙人预期事情正如他们所料。然而，时间不能倒流。现在有更多的饥饿的竞争对手。经济环境已经改变了。员工期望更高的薪水，客户在更短的时间内提出更多要求。电脑成为一个问题。公司的惰性不见了。

施工管理和设计 / 建造教会了我，尽可能在项目早期解决所有问题更符合成本效益。我知道项目中适当的编制预算计划并且按照预算进行设计有更高的成功机会。

我们聘请了一位高级施工经理与高级设计师一起试图纠正这个问题。招聘施工经理似乎是结束信号，而不是解决问题。

合作伙伴拒绝做额外的改变也拒绝经费解决方案。作为一个群体，他们已经尝试了太多的事情，但没有成功。他们坚持"我们会试试，如果成功的话我们再谈论另一个方法"。

计算机化成为一个问题。合作伙伴的态度是——"如果你愿意可以试一试，但是我永远不会碰电脑。"一个长期的制图员"同意"尝试 Cadvance，但是要有效益。公司的工程师们在尝试 AutoCAD，他们聘请了一位知道如何使用微型工作站 UNIX 的制图员，所以他们也尝试过。

经过几个月的会议，他们授权一队人去寻找 CAD 系统的最佳解决方案。我们要用全球市场的眼光看一切。我们专注于产品，它将用于一个机构的工作施工管理方法。

我们为这个流程开发了一个粗略的业务案例。在 1990 年，我们发现科学技术看起来会解决这个问题。我们开始思考可以调整我们的流程来解决问题。

239

我们最终购买了 ArchiCad。用它来完成我们粗略的业务案例。我们一开始只有一个席位。购买软件一周后我们开始训练两名员工。在 9 个月内，所有建筑设计人员都使用 ArchiCad，我们有五个席位，没有额外的外部培训。高级建筑师使用 ArchiCad 准备所有文件。制图员使用 ArchiCad 绘制施工文件。入职两天后，新实习生开始生产虚拟模型。这个软件起作用了。

然而，情况并没有好转。很明显，我们不能通过购买新软件纠正这个问题。项目艰难的顺利完成。项目没有按照常规的方式做。更广泛的经营需要变化。

合作伙伴没有任何技术偏差，并且公司分裂为断开连接的工作室。关于如何前进，我们不能达成共识。由于太多的遗留问题，组织变革是不可能的。1996 年 11 月，问题形成僵局，同时大西洋设计有限公司诞生了。

正如经常发生的那样，我们不要重复同样的错误。我们决定使用技术作为一种工具来创造更好的建筑。我们想出一个测试平台，作为建筑业务的新方法。

不要让你的公司去尝试上述公司的方式。接受改变，适应集成化实践是必要的。

240

控制你的项目

"如果你不是负责人，观点就永远不会改变"，斯通咨询公司常务副总裁 Ian Thompson 说道。Ian 的评论紧接着学校负责人会议，讨论如何在一个新项目上组建团队。

负责人要求使用教科书上的方法，他们无法想象为什么高中学校可能需要 CPTED 的支持。安全是至关重要的。然而，负责人不能意识到重要性。

这个会议在"9·11"事件的前一周。

有时候你不能改变一个先入为主的概念。有时当地情况和压力迫使人们作出错误的决策。作为一个专业人士，你还是要试一试。

多年来，你见过多少开始阶段有缺陷的项目计划？多少项目资金不足？多少项目超出范围？多少关键错误最终导致失败？

集成化实践的主要目的是为了避免这种类型的失败。这些失败的发生是因为在开始阶段一个小的容易矫正的缺陷。在概念上是简单的改正。在实践中，它更加困难。

241   今天的许多建筑过程植根于传统。太多的过时的遗留系统已经成为默认的答案，即使有更好的工具可用。我们需要改变，记住良好的商业实践。不用连接世界和客户业务系统就能做设计的日子已经过去了。

技术是商业化的，它允许建筑师从每个项目的一开始就能更好的控制。他们不再需要依靠手动线性流程完成高质量的工作。我们现在有数据库、互联网和 BIM。是时候成为变革的引领者。

看起来简单。你必须有个正确的开始

当我们完成了越来越多的项目，我们看到一个不连续的过程。人们忘记了基本方程。此外，这通常导致问题的发生……

我们看到一个典型的场景反复上演——业主雇用建筑师，但是没有真正把财政的现实告诉他们。

建筑师创建了一个响应审美需求的设计，但他们却忽略了可持续性的问题。

他们建立的设施太大或太昂贵，资金无法支持。在财务上挣扎着运营设施，然后发现他们错过了一些东西……

第四部分

论证集成化办公

244

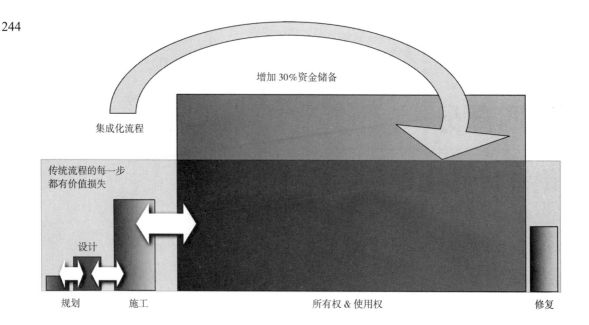

规划   设计   施工   所有权 & 使用权   修复

案例研究

后面所有关于 BIM 和集成化实践的讨论得出一个几乎无可争辩的事实。建筑师能否领导集成化过程！

这些案例都是使用 BIM 和集成化流程完成的。长达 10 年的调查过程显示，它能为新项目节省 8%—15% 的费用并节省 35% 的重复项目费用。这种节约归功于客户和建筑师。这些节省是重复利用信息的结果，有更多（更好的）早期决策信息和更好的早期阶段分析。

一般来说，案例研究的项目需要更少的时间来生产高质量的结果。他们有更少的生产问题，因为许多问题在出现前就被解决了。

第 12 章

消防总部和第 16 站

马里兰州索尔兹伯里

一个不稳定的政治环境。

一个有利于设计 / 构建的采购的环境。因为设计 / 构建的不协调，客户担心事情会越来越糟糕。一个项目停滞了 20 年。

三个建筑公司。

一个机会吗？——或者你应该勇往直前吗？

几年前，索尔兹伯里市志愿者消防公司雇用了一个消防站专家，以帮助规划一个新的总部和消防站。他们与消防员骨干一起创造了一个设计理念来满足公司的需求。这个设计理念包括几个改革创新，这将是消防公司未来业务的关键。规划完成后，项目进入执行采购阶段并在 2005 年初购买土地。

概要

索尔兹伯里消防部门是一个志愿者和有偿消防公司的结合体。这种组合会形成一个非常热情和坚定的组织。它也能因为决策过程不清楚而导致冲突。对于这种类型的消防公司，简单性和开放性是至关重要的。集成的，基于信息模型的工作流程在这种情况下是比较理想的。这个项目是推进集成化过程和用信息模型来管理采购过程的一个机会。

246

辛辛那提市建筑师 Cole+Russell,他创建了俄亥俄州总体规划的项目概念。大西洋设计有限公司项目的设计 / 建造顾问和执行建筑师。Davis,Bowen 和 Friedel 是项目的建筑师

247

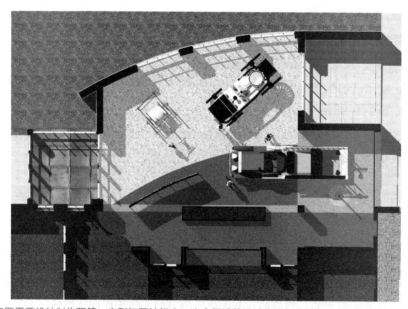

潜在的环境问题需要设计制作预算,直到问题被解决。这个领域的设计在施工完成 25% 后才开始。BIM 和成本管理允许延迟开始时间,所以没有问题

大西洋设计有限公司的挑战是在没有设计师的情况下管理流程。

俄亥俄州辛辛那提的 Cole+Russell 的团队；马里兰州索尔兹伯里的 Davis、Bowen&Friedel；与大西洋设计公司一起工作得很好。这个工作流程过程关注于使用模型来获得高质量的决策。他们使用 bim 验证决策和概念。

随着设计和施工接近尾声，有影响力的支持者主张采用设计 / 构建流程，他们认为这种方法会给这个城市最好的和最低成本的最终产品。消防公司担心的是关键部件可能不会发生。他们还担心设计 / 构建流程的质量控制问题。

消防公司认为当地建筑师应完成项目。然而，他们喜欢他们的专家提出的概念设计。他们认为设计 / 构建是最好的方法。他们寻求一种方法来管理质量，在项目中得到他们想要的一切。

他们开始通过招募志愿代理人来确保一切都聚集在一起。

整个过程发生在一个开放的和可访问的环境中，允许客户、建筑师、工程师和城市人员保持知情和参与。这个过程能够暴露并解决冲突和障碍。因为这个过程的事实是简单的，每个人都能够理解并支持我们的计划。

业主、承包商和设计师一起工作来把问题最小化。意想不到的情况发生时，每个人都能知道并且团队资源能够快速到位，减少时间与金钱的浪费

249

概念原型从 Cole+Russell 的 2D 概念草图中创建。原型允许团队评估设计，尽量减少会影响定价的冲突

流程变革

　　经过讨论研究和征求律师的意见，这个城市开始了第一次设计构建采购，并保留大西洋设计有限公司作为设计 / 建造顾问来管理过程。

250　　　主要任务是：

- 确保消防公司得到了他们想要的消防站。保持城市消防站有专家参与。验证这个概念符合城市的要求。
- 管理设计 / 建造者的公开招标。明确消防公司的需求足以控制产品效果，而不是扼杀竞争和设计 / 建造者的创造力。一个灵活的过程是关键。
- 管理项目沟通，进行必要的公共会议，并确保每个人都知道。
- 提供消防公司详细的信息来支持适当的项目预算和融资。
- 尽可能早地管理障碍，所以该项目进展顺利。在这个过程中，消防站专家是建筑设计师 Cole+Russell。他们开发需求分析和项目愿景。分配任务的关键是减少重叠和潜在的冲突。

特征

- 协作和简单的网络通信。
- 支持早期决策和保证项目成果。
- 管理设计 / 构建过程以确保消防部门以合理的最低成本得到他们希望的质量。

挑战

- 公众监督、政治气候和资金。
- 多个设计专业人士。
- 关键利益相关者的需求。

业主的评论

251

William Gordy，副消防队长

"几年前，消防公司聘请了一位国家消防局专家，将重要的训练组件集成到我们的新总部和消防站。当时把它建成是觉得我们需要一个当地公司的专业建筑师与我们的专家一起协调参与设计 / 构建。我们选择一个本地公司作为设计 / 建造顾问。我先前曾与该公司成功完成私人项目。

我们的政策支持者相信设计 / 建造。然而消防公司担心关键组件和质量问题可能导致设计 / 构建崩溃。建筑师的工作流程过程让我们来参与管理。此外，结果超过了我们的预期。

建筑师的过程允许我们控制关键部件还保留设计 / 制造的灵活性。建筑模型提供的细节给了我们管理一个复杂融资方案的资源，并且说服市议会继续提供额外的资金来满足项目的需求。能够快速查看详细信息，在过程的早期允许我们管理成本。每个人都清楚这个项目。此外，我们尽早管控障碍，确保它们不会成为一个问题。"

效益

252

客户选择在传统设计 / 报价 / 构建过程进行项目，消防站专家为主要建筑师或者相关本地公司的建筑师。设计团队将设计过程完成，准备完整的招标文件，项目总承包商投标。在竞标时，客户会发现项目成本。

如果报价在预算内，一切会变得好起来，这一项目将继续。如果报价中有特殊"原因"，这个项目可能是"价值工程"的预算。然而，如果出价大大超过了预算，项目将停止，一个新的资金周期将开始，客户必须重新支付建筑师的设计费。

在这一点上，建筑师的服务已经完成75%，6个月将会一晃而过，这会浪费太多的时间和金钱。此外，获得"价值工程"是在投标日期后还是在完工后呢？

利用建筑模型和信息管理工具来验证客户的早期决定，使他们能够更准确地预测成本，避免许多新项目的风险。这个过程使用从模型中提取的数据和图形吸引利益相关者，并能快速准确的确认项目需求。这一切发生在一个很短的时间内。

这个过程降低了城市的前期成本。大部分正式的2D文档转移到设计/建筑师和工程师。早期验证工作用更好、更可靠的数据定位设计/建造。他们能够提供更有竞争力和响应性的建议。

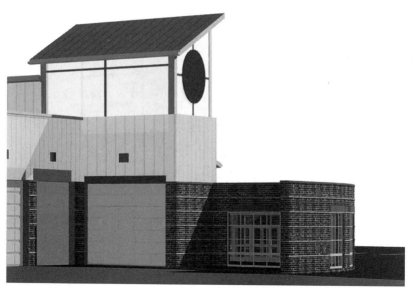

对所有关注的人来说，这一过程使项目顺利进行，给消防部门更好的项目

指标

建筑面积	41655 平方英尺
场地开发成本	1747138 美元
建造成本	6182362 美元
总体造价	7929500 美元
建筑每平方英尺造价	148.42 美元

过程

254

1. 确认并记录所有的决定：

- 部署 Basecamp（管理软件）项目管理网站；

- 发布 MSProject（管理软件）时间表并导出 MindManager（思维导图软件）；

- 目标、要求和标准审查；

- 设计理念和策略审查。

2. 概念设计评审验证范围和项目需求的一致性：

- 概念和位置的土木、结构和 MEP 工程审查；

- 从 2D 的概念生成图纸、交付策略和程序估计；

- 用思维导图分析项目。

3. 数字原始模型确认、分析和可视化数据。网站的数据调查和岩土工程评价。

4. 用设计原型的成本模型计算工程量和验证客户的目标。

5. 设计标准规范化项目策略、方法和假设。

6. 比较数据分析。

255

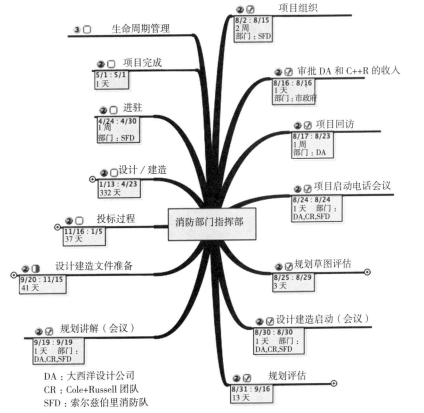

DA：大西洋设计公司
CR：Cole+Russell 团队
SFD：索尔兹伯里消防队

思维导图帮助我们快速学习项目关系和相互的影响

7. 形式上的分析，选项的定义和降低成本的建议。

8. 项目验证评审和建议。

9. 为设计／建造者提供公开招标采购文件。

10. 投标、谈判、签合同的过程。

11. 交付过程包括最后的设计、施工图、施工合同。

12. 项目验收和交付过程。

256

索尔兹伯里消防总部＆第16消防站项目，因为出色的实时项目、设施管理、协调与控制而获得了 2008 FIATECH 庆祝工程科技创新优秀奖（CETI）

第 13 章

首都改造规划

马里兰州大洋城

小规模的设计活动有时会采取新的未知的设计方向。这个项目一开始像大多数"设计新的办公室和车间"一样。随着时间的推移，项目扩大到包括地理主模型、基于网络的设施管理、战略规划、应急服务和一个"9·11"纪念馆。

集成化流程使之成为可能。

市政规划提供了各种各样的项目。传统的大洋城建设项目的设计和施工是独立发生的。城镇传统的项目没有地理坐标。已完工的建筑相互干涉。此外，他们经常延期并超过预算。BIM 过程有能力正确应对这些问题而不牺牲效率，甚至在"一次性"项目的情况下。

每个项目都有不同的要求。消防员纪念碑的信息模型可以让消防公司参与其中，为公共工程部提供帮助

259 **概要**

大洋城公共设施发展项目使用高绩效管理系统和现成的技术来高效的支持市政的需求。集成有远见的合作规划和设计过程,尽早识别成本和制定成功策略。所有项目使用一个集成的、支持信息工作流程。覆盖一切的成本约束管理。

集成化流程提高了沟通能力,帮助所有的团队成员迅速和有效地决策问题。我们依托 GiS 组织构建项目,使用现成的和成熟的设计工具。每一个项目都是地理坐标。项目已经过测试并使用广泛的分析系统和可互操作的工具进行验证,实际上这有利于客户。这些研究让城市更好的设想、建立、管理和维护他们的设施。

建筑信息模型与 GiS 和 CAFM 相结合,使团队能够创建一个强大的环境来支持城镇持续的开发项目。使用 3D 建模功能准确地将城镇建筑可视化。最初的概念信息作为有价值的数据被包含在模型中。建筑信息模型帮助团队确定成本并在设计过程的早期运用成功的策略,成为设计实践的一个关键部分并努力为客户提供最优质的服务。

260 大洋城的市中心,最初的开发合同由市政工程部管理和修订,以便更好地控制开发成本。2000 年,正在进行的项目估计总建筑成本约 1700 万美元。我们在紧迫的时间限制和预算下实现了项目。在整个 10 英里长的沿海社区,已经涵盖了公共工程和应急服务设施。

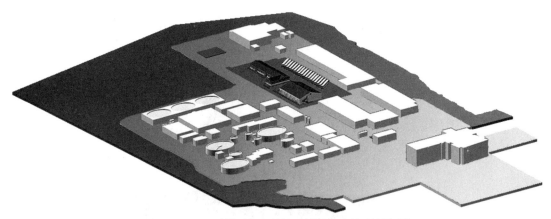

中央办公室和维修商店模型 CAFM 同步。一个主模型允许未来添加的项目直接连接到系统

大洋城市中心项目的承包团队重新设计了消防公司总部设施并研究无人站点的维修或更换的可行性。团队有能力根据成本限制快速建立概念原型,让消防公司理解规划要求将使他们的原始概念变得不切实际并非常昂贵。在这个早期阶段清晰地理解计划将影响最终的成本,消防公司能够改变项目,以避免不必要的重新设计。

承包商的评论

Eric Milhollan，项目经理、施工承包商

"设计 / 建造过程是伟大的工作。它把大家（业主、建筑师、工程师和承包商）聚在一起。每个人都有机会提前提供他们的专业知识，允许变化和修改，使业主和承包商受益。

一个例子是办公楼砖砌体变化为仿砖。这满足了业主的要求和审美意图，并解决了市场上缺少砖瓦工的问题。

建筑师提供的图纸很好地协调了巴特勒制造公司'非标准'工作的布局。设计 / 建造过程也使我们能够选择我们希望的分包商，并把我们和'低级肮脏'的投标区分开来。这个过程的灵活性使我们和业主的项目盈利。"

Dean Dashiell，施工负责人

"我们达成了一个可怕的交易。设计是完美的。我们能够与业主、建筑师和承包商建立良好的关系。这使整个项目顺利的沟通与协调。这种关系持续到承包商返回修理或修复细小的问题。这个过程的关键是业主有一个代表，他知道如何建设并将各部分结合在一起。

这种节约让我们在复杂的环境中保持清醒。"

业主的评论

Hal Adkins，公共工程主任

"项目的每个细节都有我们的心血。建筑师使用的办公室和商店的设计和施工流程给了我们机会通过输入细节来满足我们的需求，也给了我们灵活的发展空间来满足未来的需求。

我们在项目早期明确细节。早期的决定能节省大量的时间和金钱。文件清楚地反映决策。建筑师用快速的评估和清晰的图形来回应我们输入的细节。添加这个流动设计过程可以消除停停走走的过程，这经常发生在设计共同体中，业主、设计师和承包商之间有密切的关系，所以必要时要相对无痛的改变解决方案。

这个过程带来令人惊奇的好处。我们在用一个快速和有效的方式开展业务。这种方法使我们能够全面查看和更新数据，以前被存储在许多地方的媒体格式消耗了太多的时间。因为构建数据已经包含在模型中，信息的传输从设计、施工到设备管理是流线型的。消除了烦琐的过程和重复的任务。"

Terry McGean、专业工程师（PE）、城市工程师

"拥有细节以做出早期的决定得到了回报。建筑师提供足够的'固有的'解决方法应对复杂改造的需要，我们的施工经理能提出详细，快速和准确的预算。

263　　　预算开阔我们的眼界，让我们重新评估社区应急响应的需求和优先级。我们在追踪一些昂贵的错误。

由于灵活性和团队的世界级的专家，我们可以分析城市应急响应数据并为我们的应急设施确定最佳位置。在现有的可行性研究下，建筑师能够提供足够的细节和数据，我们现在可以决定资金的最佳配置。"

特征

1. 设施管理和 GiS 集成，定位与更好的长期管理和运营设施。

2. 成功的设计 / 建造需要业主、建筑师和承包商之间的协作。

3. 新的团队成员融入过程（CPTED，紧急服务计划，Solibri，巴特勒制造 Butler Manufacturing，万豪公司 Marriott Corporation）。

挑战

1. 设施的规划、设计和施工是卖方市场。

报纸一次又一次的报道超过预算的故事。经常超过预算的两倍多。这个小镇也不例外。费用通常超过预算，很少项目按时完成。用不同的方式去做业务需要公共工程总监同意尝试新的方法，即使它似乎是有风险的。

2. 在绵延 10 英里的岛上管理市政工程设施。

在度假社区正确的定位和设计市政设施本身是一个挑战。在每一个海滩季节设施服务人口激增，但要考虑全年经济功能。

264　　　规划应急服务设施的位置，让消防员和其他急救人员迅速到达所有区域，即使单一路线是超载的。设施必须承受风暴和腐蚀性环境。此外，有时预算紧张难于管理。GiS、BIM 和其他地理空间结构提供了管理城市复杂问题的一种方法。

3. 在小镇上管理形形色色的客户和利益相关者的大资产。

城市工程师——公共工程主任——应急服务主任——志愿消防队长，志愿消防公司——城市管理者——市长——市议会。这些团体（以及更多）对如何设计、建造和支付城市的设施有强烈的意见。需求和议程有所不同,有时会发生冲突。沟通并明确"我们知道什么正确的"是平稳有序的发展资本项目的关键。一个集成化的方法与正确的专家提供一种经济高效的过程解决方案。

效益

集成化和基于 BIM 的过程允许城市受益于设计的优点,同时保持一个高水平的项目控制。这个过程始于虚拟建筑模型验证方案设计和详细计划。我们使用这个项目估计管理设计和交付过程。10121 平方英尺的办公室和 16720 平方英尺的维修车间被承包下来并按时间和预算完成。唯一的变化是订单业主要求增加一些有益的项目。

265

使用一个集成化的方法有利于控制和节约。客户和利益相关者的信息应该正确,在过程的早期作出明智的决定

合作

我们把保险、安全、资金可用性、利益相关者的需求和远程计划综合到流程中。万豪集团和巴特勒制造等一系列专业软件公司、会计师、估价师参加。这个团队所特有的是集成应

急服务专家。

266　　研究团队创建了一个呼叫量，帮助镇上确定最优站点位置和最佳呼叫增长量管理。该小组还协调志愿消防公司的第一个战略规划过程并准备城镇整个消防设施项目完成的规划估计。

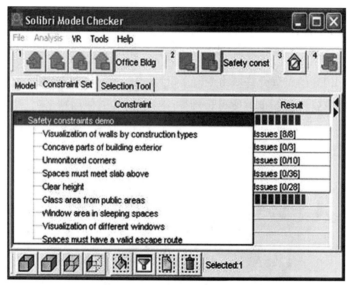

用 Solibri 模型检查器来评估安全问题。自动分析是优点之一

组件

公共工程办公室和车间

整合公共工程管理和维修设施是一个复杂的高流量公共工程的焦点。项目发生在高度的卖方市场情况下，超出预算项目的规则并不是例外。为业主节省 260700 美元。

267 **指标**

公共工程办公室和车间建筑	
总建筑面积	26760 平方英尺
网站开发成本	59312 美元
建筑成本	1822888 美元
总造价	1882200 美元
建筑每平方英尺造价	70.34 美元

应急响应站

总建筑面积	67532 平方英尺
场地开发成本	1361000 美元
建筑成本	8722000 美元
总造价	10083000 美元
建筑每平方英尺造价	129.15 美元

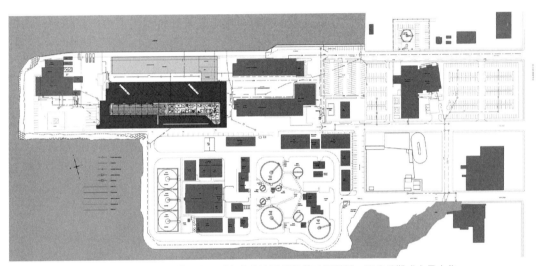

复杂的集中式城镇基础设施系统。主模型和主对象库允许系统随着时间增长，而将前期成本最小化

消防总部改造

268

复原受限站点。需要重新设计的主要变化是紧急服务的交付。早期的决策过程使这个项目被重新定向到市中心的中央站。建筑将调整成为卫星消防站。

使用软件：ArchiCAD7，Portfolio，AutoCAD，MSExcel，Solibri，Filemaker Pro

紧急服务电话研究

审查和分析当前和预计的紧急呼叫模式。

用 ArchiCAD8 分析 MSExce 和 GiS 数据。

紧急服务网站研究

应急响应分析和房地产评估研究来识别可用属性，在高度组合的海滩度假村环境中进行收购和资产剥离的预算。

使用软件：ArcInfo data，ArchiCAD8，assessment database，AutoCAD

志愿者消防公司战略的总体规划

广泛的利益相关者的输入过程，促进外岛撤退，与志愿消防公司合作，发展他们的第一个战略总体规划。

使用软件：MSExcel，ArchiCAD8，MSPowerPoint，Adobe Acrobat

消防站的可行性研究

从其他调查评估中覆盖数据，并调用成本核算、项目需求和设施需求的研究模式与来确定最优方案。在接下来的 25 年中提供应急服务设施。

使用软件：ArchiCAD8，Portfolio，AutoCAD，Microstation，Adobe Acrobat

北岛消防站

269

设计更大的设备和更多的人员来为市中心北部高层海滩酒店和公寓提供及时的服务。

使用软件：ArchiCAD8，Portfolio，Adobe Acrobat

岛屿消防站

设计升级和扩大现有的无人值守消防站，使之适应人居并能满足当前和将来的人员使用。

使 用 软 件：ArchiCAD8/9，Basecamp，MindManager，MSPowerPoint，MSExcel，Portfolio，Adobe Acrobat，AutoCAD，Google Earth，SketchUp

市中心的中央站

新总部的设计能在自然灾害期间继续运作。本站也成为中央的支持中心，为偏远地区由于交通堵塞和其他问题提供支持。

使 用 软 件：ArchiCAD8/9，Basecamp，MindManager，MSPowerPoint，MSExcel，Portfolio，Adobe Acrobat，AutoCAD，ArcInfo，GoogleEarth

消防员纪念馆

位于海滨木板的中心，纪念紧急服务人员。

使用软件：SketchUp，ArchiCAD9，PlotMaker，MSPowerPoint，Excel，Google Earth

第 14 章

德玛瓦半岛儿童剧场

马里兰州德尔玛

　　"我们没有多少钱。我们没有网站。我们仍将与董事会在一起。然而，我们有一个愿景。我们必须计划未来 30 年。"

　　这就是 1998 年提出的德玛瓦半岛儿童剧场的挑战。儿童剧场项目允许我们应用现有商用（COTS）技术和我们开发的定义新组织的技术。

　　这个项目确实是一个心甘情愿而做的工作。剧团的创始人往往是有高度动机和热情的空想家。他们的精力和专注是成功的关键。德玛瓦半岛的儿童剧场的创始人创造了一个独特的和令人兴奋的项目，是让社区青年表演艺术的一个工具。他们不仅提供了一个机会来设计一个新的建筑，也是使用 BIM 的一个新组织。

过程文档探索分析模型最终的状态。目标是定义剧团应采取的步骤以达到他们的愿景

272   德玛瓦半岛儿童剧场（CTOD）是社区的一个组成部分，为青年提供教育导向的经验，提高区域的整体文化体验。该组织已经成功地广泛融入了年轻人和成年人来支持这个任务。他们已经在没有永久场地的条件下利用现有设施和租用必要的空间运营并幸存下来。

概要

    第一个任务是开发一个可视化概念模型，用来宣传公共利益和吸引资金。资金到位后，我们开启社区设计工作流程。接下来，我们创建了一个视觉概念模型，用于提取成本数据和验证剧院的规划。

273   规划验证需要广泛的设施研究和一些成功的影院主管参与其中。与剧院、金融专业人士和设计团队密切合作，我们编制执行进度表、收入和支出账目来创建一个长期融资的计划。从这个数据看，剧场能迅速筹集发展资金，并开始谈判首选地点。

    一个永久的场地是长期增长和持续发展成功的关键。用剧院署名的教育节目"独角戏"取得了压倒性的成功，我们需要进一步的支持。节目最初始于 6 个当地孩子表演他们的天赋，现在成为每期节目公开面试 15 名选手。一个永久的场地能够将表演人数从 6 人增加到 24 人，每年会有更多的孩子来表演。

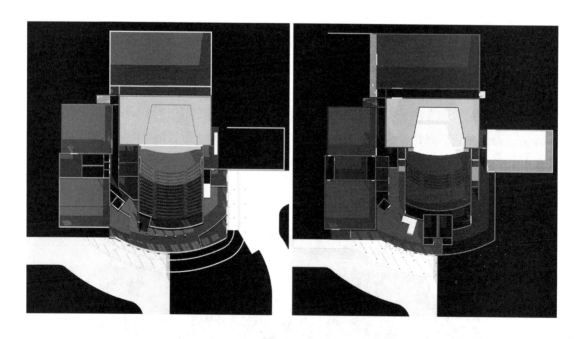

274   设施的主要剧场将提供正式的固定座位。黑箱剧场将让演员在一个开放的创造性的空间中自由表演。这将使该设施同时支持两个作品；主要剧场将举办大型演出而黑箱剧场将举办小型演出。

该设施将包括舞蹈工作室、教室、行政支持和所有必要的"幕后"支持空间。工作室能满足专业音频、视频、照明控制的需要。剧院将作为一个青年培养基地，满足他们的激情，鼓励他们表演艺术，进而通过传统的艺术表演加强了整个家庭的关系。

德玛瓦半岛儿童剧场可能会继续下去，只要剧团的创始人愿意并且能够推出新节目、募捐活动，促进他的愿景。然而，这种方式是不可持续的。社区缺乏一个永久的场地，可以帮助青少年在一个关怀、安全和支持的气氛中成长为优秀表演者。

由于缺少一个永久的场地，公司决定让该项目充分利用露天场地和小型社区设施。参与者的增长和规划的需要推动了德玛瓦半岛儿童剧场成为一个永久性的空间来适应社会的要求。如果没有剧场的规划，德玛瓦半岛儿童剧团提供的课外项目、戏剧夏令营、研讨会、"高危"青年项目和旅游节目是极其有限的。

业主评论

Carlos Mir，有远见的董事长

"我有一个愿望，建立一个儿童专业产品的剧院，这会带来资金支持孩子们的戏剧节目。我的计划是融资，让人们提供没有成本提供的东西。但是，我不知道从哪里开始。

我认为让人看到我的想法将是巨大的第一步。我接近建筑师，告诉他我的设想。我问我们可以创建最小的成本。

我们有很大的收获。我们有 3 D 效果图、策略和一个详细的评估，这为我们应该走的方向出了一个好主意。他们给我们合法性。

社会开始重视孩子们的戏剧。图形抓住人们的想象力，成功的显示了没有一个固定场地对我们前进的影响。建筑师的下一步是继续用有效的方法让我们获得利益。他们建立了组织发展研究，我荣幸地介绍给顾客、银行和农村发展，以作为剧院的启动资金。

当向企业索要大笔资金时，你必须彻底做好准备。我有很大的信心呈现'剧院的明天'的效果图和详细的估计和会计。我相信这个建筑师的过程使我们在开发过程的早期中用比正常更少的钱产生一个更完整的报告。"

效益

能够快速提取和使用的数据模型，加上一个集成的过程使得 CTOD 项目拥有提早，完整、详细的信息，以支持财务预测和戏剧的发展计划。董事会看到从模型中提取的基于准确数量

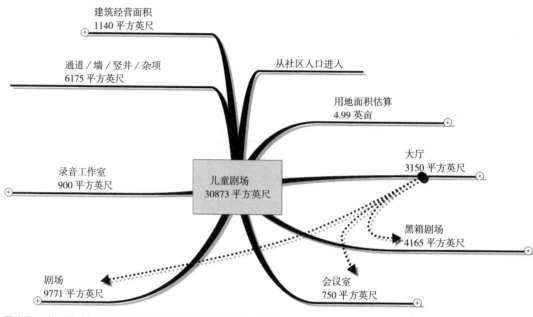

思维导图允许快速探索空间关系。这个工具特别有利于沟通和记录小组讨论和会议决策

的成本。即使在这个发展的早期阶段，剧团的制作人和导演可以使用项目的虚拟建筑模型分析可视化后台。

过程

创建一个新的组织框架是一个挑战。这也是一个很好的机会。它确实提供了一张可供创建的白纸。然而，为了实现解决方案，这个过程必须包括当地团体，地区和国家的利益相关者。团队不能把这个流程作为象牙塔的锻炼。这个过程是协作。然而，在这一阶段我们必须创造合作机会。

从一开始，儿童剧场项目的团队成员就包括：剧团创始人、有商业经验的会计师、董事会、儿童家长以及全体员工。我们这些人都能够直接参与到社区儿童剧场的建设当中，为之贡献一份力量。我们还收到了一些来自银行家、房地产经纪人和其他非营利组织的建议，这些共同组成了儿童剧场项目的核心。

德尔玛镇，特拉华州／马里兰州通过一个特殊的例外项目和市政公用事业供应剧院的首选网站。帕默基金会承销早期开发成本。他们继续提供指导和资金。东部海岸的社区基金会提供了持续的输入和 CTOD 基金会。农村发展管理提供了指导和评论。业主希望他们持有二级注意项目的抵押贷款。

德玛瓦半岛儿童剧场董事会继续筹集资金并朝着他们的戏剧梦想进发。

特征

1. 在组织发展的早期阶段使用 BIM。
2. 使用 BIM 图表详细计划前进的道路。
3. 有研究组织结构和物质需求的能力，并尽早深度研究运营问题。

挑战

1. 创建一个能让愿景变成现实的计划。
2. 获得设计、征地、建设、运营的资金。
3. 建立支持系统和知名度。

278

　　通过把儿童剧院的组织概念嵌入信息模型中，他们可以迅速把握新的机遇。最近（2008年 3 月）在马里兰州索尔兹伯里市，剧团开始和政府谈判收购闲置的消防站，用于改造成新的剧院综合设施。

　　概念原型完全符合剧团的需要并且能快速廉价地创建。这些概念用可靠的成本、绿色建筑评估来定位剧团，并用其他数据来支持与市政府的谈判。

第 15 章

军械库社区活动中心

马里兰州丹顿

好的工作一个接着一个。当我们被要求改造丹顿军械库时，大西洋设计有限公司最近完成了附近一个养老院改造项目。评选委员会对 BIM 一无所知。他们知道，严格的成本控制和确定性的结果是至关重要的。集成化实践和 BIM 成为决定性因素。

郊区的加罗林县接收了一个未使用的军械库建筑并达成使用协议，将该设施作为一个社区活动中心。这个军械库是 20 世纪 40 年代的军事设施，设计了护栏，石墙和突出的钢窗。由于缺少资金，该建筑疏于维护。交易的条款要求加罗林县维护和恢复设施，由马里兰历史信任公司监督。

马里兰州给加罗林县军械库许多限制。BIM 模型的细节和精度允许管理这些需求，没有不当的问题

概要

开始的时候，项目需要稳定外立面和无障碍升级。加罗林县也需要娱乐设施项目和一个

健康俱乐部。然而，必须使用最少的资金。加罗林县人员确信他们没有足够的钱去做这个项目。

加罗林县公开招聘设计师协助他们的军械库社区中心项目的设计。因为 BIM 集成化交付过程的原因来选择我们的团队。他们不叫它 BIM 也不认为它是集成化的，但他们理解支持早期设计决策的好处使他们的项目成功。

每个项目使用现有的（COTS）技术来利用我们的能力，即使是最小的改造项目。这些系统给了加罗林县早期明智决定和更好计划的工具。

设施条件评估和一个概念模型是第一个任务。然后我们建模制定维修和设计解决方案。我们使用这个模型的数据准备计划估计。所需资金的工作仅限于部分项目。

281

我们开发了项目的部分模型，包括从文档提取项目建设水平的资助。我们成功地用这些文档完成了项目。

两年后，我们出乎意料的接到一个电话。项目再次优先。需求改变了。该县政府指示公园和娱乐部从县中央办公大楼搬出。他们想去军械库。然而，他们想要确保建筑仍然是一个社区中心。政府的要求已经发生了翻天覆地的变化。

我们能够重新激活竣工模型，完全重做整个项目计划，并在两周后重新设计项目。政府快速和廉价地得到了所需的决策支持信息。这完全归功于 BIM。

我们完全更新项目方案。我们更新了项目的预算。该县政府需要知道它完成项目的成本，这样他们可以分配资金。此外，这一切都要快速完成。

282 我们立即用 Basecamp 部署项目，开始重新评估项目的需求。第一阶段完成之后，我们的系统对项目分析并通过在线交流改善项目。

公园与娱乐的员工提供了一个当前和预计空间需求的列表。我们使用 MindManager 审核的这些需求。

在设计原型中提取内景。在第一阶段，我们提取文档准备施工图。在第二阶段中，我们使用这些文件进一步发展招标和施工验证

业主评论

283

Sue Simmons，公园和娱乐主管

　　"我们选择这家公司，因为他们专注于帮助我了解我们项目的早期阶段。作为一个农村县的部门主管，我通常不会参与设计项目。

　　每一次，我必须提高我的设计和施工方面的知识。

　　建筑师从一开始就能提供详细的信息。建筑师的方法帮助我理解项目的一切。这使我在一个'正常'的过程中可能没有要问的问题。在其他项目中，我只得到了平面图和草图，不得不假设一切内容都包括在内。遇到细节问题时，我们经常发现需要改变。这种改变了浪费了太多人力、时间和成本。

　　在这一过程中，我提出了相关的细节和清晰的图片。我能很快完成想要的改变，在我浪费太多的资金之前，我可以看到它是如何影响整个项目的。它允许我们自己教育自己。

　　作为一个经理，我寻找适合的小块地方组织和完成任务。这个小建筑公司能完成大工作。主要的建筑师是有远见的，寻找正确的工具来完成任务的最有效的方法。项目经理有很强的建设背景。

主要的建筑师产生思想和创造概念，其他人保证细节问题在实践中被解决。这种关系便于我们使用'阴／阳'的方法。他们会轻松，迅速调整。大公司就像恐龙或远洋客轮；他们需要很长时间和很多精力去改变。"

284　承包商评论

Jay Yerkes，项目经理

"我们在这个项目中有一个工作经验丰富的优秀建筑师。J. J. DeLuca 最近在马里兰州的东海岸开设了一个分支机构，这是我们的第一个项目之一。对我们来说是非常重要的经验，费城的一个大公司可以和东部海岸的小公司合作。建筑师帮助我们做到这一点。

从一开始，建筑师所提供的交流和信息是明确的并能够快速处理。建筑师能用及时和有组织的方式回应问题。改造项目中总有隐藏的问题，但建筑师对建筑和结构有优秀的理解能力，和我们一起迅速解决工作中的任何问题。

建筑师是承包商项目成功和声誉的一部分。DeLuca 在这个项目上赚了钱。县政府毫无保留地授予我们其他合同。建筑师用他们的方法为业务起到了重要的作用。"

特征

1. 下游建筑信息模型支持分阶段交付和重复使用。
2. 成本和资金管理。
3. 流程进行前制定项目决策。

挑战

1. 管理不断发展的规划需求。
2. 协调匹配资金。
3. 支持业主的决策和审查过程。

285

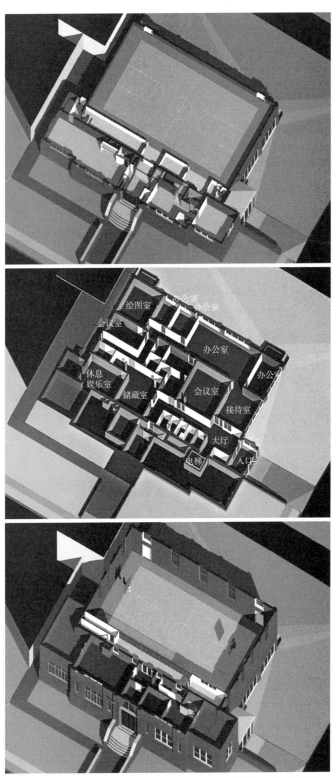

你可以从模型中提取几乎任何视图数据。在项目二期的开始，我们使用
轴向视图交流项目变更的观点

286 效益

在第二阶段中,该项目是重新设计的,原型设计解决方案使用第一阶段竣工模型作为基础。这个过程包括:

- 数字化原始模型;
- 从工程量模型中提取成本模型并内置在线成本数据库;
- 设计标准、设想、项目策略和方法;
- 比较标准;
- 分析形式和定义选项。

项目的数据帮助该县政府验证他们的解决方案。用相同的数据提交马里兰州政府以锁定资金。

项目重启两周后。返工完成的速度比传统的过程快。因为从第一阶段竣工模型需要最少的现场调查,节约 50% 的费用。即使投资费用水平较低,这项工作仍能保证盈利。

287 指标

第一阶段

建筑面积	5120 平方英尺
占地面积	5120 平方英尺
场地开发成本	7680 美元
建筑成本	299878 美元
总造价	307558 美元
每平方英尺造价	58.56 美元

第二阶段

建筑面积	19130 平方英尺
占地面积	16430 平方英尺
场地开发成本	166817 美元
建筑成本	1881286 美元
总造价	2048102 美元
每平方英尺造价	98.34 美元
建筑效益比	1.16

288

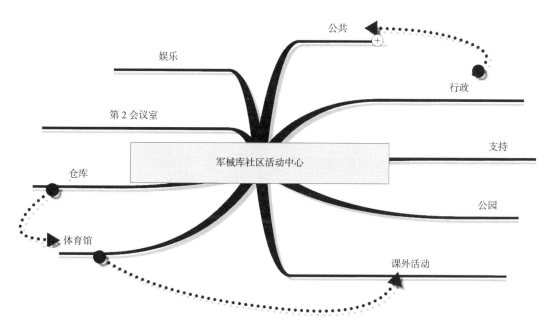

思维导图合并早期数据收集过程。你使用数据嵌入到思维导图用于安排进度和成本分析。他们还允许你编写和组织正式的文本文档

流程

团队开始实地测量并评估设施状态。用这些数据我们创建了一个竣工的虚拟信息模型。

与此同时，我们开始与公园 & 娱乐的人员规划空间。用这个信息，我们覆盖竣工模型与概念设计的解决方案。

然后从模型提取现有和拟建的工程量以支持创建规划的估计。这个项目评估是参数成本模型，与项目的设想、交付策略和进度计划有关。

这个项目评估加上从模型中提取的早期细节，成为该县政府分配可用资金的工具。审查模型图形和项目评估后，计算决定建设项目阶段。资金只用于第一阶段。

- 第一阶段包括修理屋顶和砌体、电梯、无障碍卫生间和一些内部的改进。由于工期的约束，289电梯是预购的。

- 业主需要重新评估和重新设计计划的第二阶段，以适应需求的更改。我们设计完成这个项目剩余的在地下室的公园和娱乐部分装修，在一楼创建一个娱乐中心，房子的支持设施在第二层。

我们从 ArchiCad 9 提取图形模型并用 PlotMaker 9 为第一阶段生产工程文件的图纸。我们公开投标该项目。县政府在预算内授予了该合同。我们完全用 ArchiCad 10 创建了第二阶段的施工图。

我们以最小的代价完成了第一阶段的建设。所有提交和修改都保存在数据库项目管理系统的竣工模型中。在本书刚出版的时候，第二阶段是等待最后的投标授权。

在这个过程中，县政府做了调整并增加可用资金。用建筑模型更容易管理变化。这个工作流程减少了错误和建设问题——县政府得到了一种改进的项目。第一阶段的模型允许设计团队在第二阶段开始的两周时间内评估和重新设计该项目。

在第一阶段的建设中，监理要求进行窗口分析并在第二阶段改变建筑的窗户。我们可以补充细节并从模型中提取最新的效果来以最小的成本完成这项要求。

由于资金的限制，项目停止了两年才完成第一阶段。

第 16 章

风暴将至

国际化

包括本书的作者在内的行业领袖，帮助形成了 BIM 教育的 Co-op™（合作社）品牌，增加了 BIM 教育的能力。借用农业合作商业模式，成员共同努力把"最新"的 BIM 教育产品和服务推向市场。

使用共享收入系统，Co-op 成员为建筑行业和志同道合的专业人士提供部分免费服务。

使用现成的沟通工具，改善网络教育会议，Co-op 的成员在 2008 年的前 4 个月参与了 BIM 的重大事件。

洛杉矶 BIMStorm™

首先，对 Co-op 成员可能是最具有历史意义的事件是洛杉矶 BIMStorm™ 的成立。2008 年 1 月 31 日，130 多名来自世界各地的专业人士登陆了 Google Earth™ 洛杉矶 30 个街区 5400 万平方英尺的建筑信息模型……在一天之内！

Co-op 成员帮助创建宣传材料、参与 BIMStorm™ 之前的教育会议，为前所未有的设计活动创造了许多模型。组织者 Kimon Onuma 试图向人们展示 BIM 工具和流程带来的惊人结果。

科拉松社区坐落于洛杉矶山麓，能俯瞰 BIMStorm 的场地

大西洋设计公司提供紧急规划服务的专业知识并利用其在索尔兹伯里的消防站模型作为一种原型来解决几个洛杉矶站点的问题，整个网站创建了一个住宅社区并支持绿色屋顶计算。

绿色屋顶专家，Karen Weber 博士曾与大西洋设计有限公司、合作社联合创始人 Pete Evans 和 Michael Bordenaro 内创建一个方法，使用消防栓水冲洗所有的绿色屋顶，可能是建立在 BIMStorm™ 站点之上。

293   BIM 教育合作社（以及全球许多人）参加了这次改变设计世界的事件。那天发生的事的重要性在洛杉矶和世界各地尚未完全实现。

BIMStorm，是 2008 年美国建筑师学会评委会选择的第四届建筑实践建筑信息模型技术奖的获奖项目。

科拉松住宅

科拉松住宅是墨西哥北部一个非营利的住宅建造商，在洛杉矶 BIMStorm™ 会议前提供了一系列的 BIM 教育并学会了节约成本，机会营销，拓展渠道和其他 BIM 的好处。

大西洋设计公司和地球天空建筑公司为科拉松住宅创建 BIM 房屋模型，超过 110 个模型通过两个站点建立在 BIMStorm™ 的洛杉矶 Google Earth 上。NF 出版公司 2008 年 1 月 31 日在墨西哥提华纳投资支持科拉松住宅，对证明 BIMStorm™ 不只是虚拟运作……它的好处是非常真实的。

科拉松住宅正在施工中……在洛杉矶 BIMStorm 会议期间。科拉松住宅使用的流程是高度协作和社区导向的

志愿者，房主和邻居们都努力实现科拉松住宅。BIMStorm 参与者也是其中的一部分

以 "大 BIM 小 bim" 为题是有原因的,它的特性像是一个年轻人而不是建筑。大 BIM 是人。 294
技术驱动的过程的非常重要的，但它们不是 BIM。

Co-op 的 BIM 教育目标之一是向你介绍给那些正在发生的变化。来自各行各业的人告诉世界，现在能用一个更好的方法来做事情。他们告诉世界，再也不能像往常一样做生意，要采取行动改变世界。

> 洛杉矶 BIMStorm 会议的上午，Terry 和 Victor 的人员开始建设科拉松住宅。在一天结束的时候一个家庭搬进他们的新家。BIM 帮助这个家庭梦想成真。BIMStorm 发源于美国的东海岸，科拉松住宅董事长 Terry Mackprang，发了以下邮件：
>
> *"我们现在要离开去参会了，应该在 7 点开始。我们的一个墨西哥的董事是当地电视台 12 频道的人员，他将报道整个事件。"……*
>
> *"……科拉松选择的实时施工技术是历史性的突破，科拉松将在洛杉矶构建虚拟建筑。合作伙伴将包括微软公司、美国海岸警卫队和军队。董事会也在互联网上直播。"*
>
> ——Terry Mackprang，董事长

295

科罗拉多州的 Paul Adams 通过创造新的方法来建造房屋帮助墨西哥的人们，科拉松社区的家庭可以负担得起。

Rick Hoppes 坐在他马里兰州的办公室在，确保那些使用新建筑方法的建筑物的安全。Karen Weber 是在波士顿做绿色屋顶技术的供应商。Kevin Connolly 正在帮助国家变得更加集成化，能够更好地管理他们的项目。

Kimon Onuma, Yong Ku Kim 和 Thomas Dalbert 正在创造一个系统，允许这一切发生。其他人提供专业成本核算、应急响应、能源和几乎所有你可以想象的服务。建筑师、工程师、业主、规划者、GiS 专家、程序员、开发者、评估人员、消防员和学生们都能参与其中。最重要的是，Terry Mackprang 和 Victor Tapia-Montano 在墨西哥提华纳帮助家庭实现拥有自己的家的梦想。

ceti
celebration of
engineering
&
technology
innovation

296

新奥尔良 BIMStrom

新奥尔良 BIMStorm™ 包括大西洋设计公司的 Co-op 成员，基于

索尔兹伯里消防站原型为整个"新月之城"创建一个全面的应急响应机制。

索尔兹伯里消防志愿者副消防队长 William Gordy，加入笔者在新奥尔良 FIATECH 年会上的一个宣讲计划。他们得到了第 12 章中描述的一个消防站项目奖。

波士顿 BIMStorm™ 的 Co-op 成员将继续提供非常详细的绿色屋顶数据，展示了一个建筑也可以产生巨大影响。

西弗吉尼亚州博览会

Co-op 成员获得了前所未有的教育会议新闻报道主要关于 3 月份的西弗吉尼亚州博览会研讨会。四份报纸文章，两台电视新闻报道和社论宣传 Co-op 成员和他们的同事。

教育会议的一大亮点是创建一个 BIM 集成模型，美国建筑师学会会员 Jody Driggs 创建了查尔斯顿市中心，西弗吉尼亚州的模型。Driggs 在参加 BIM 教育课程前几乎没有经验，他有能力在短短 4 个小时内构建集成模型。

我们与民选官员和活跃的公民合作，导致教育会议走艺术路线，并用 Google Earth 自行车路径规划设计工具改造一条河，可以为当地的自行车组织产生收入。

国际发展

虽然 Co-op 的 BIM 教育首先关注于在美国发展自己，但它已经有了从事国际教育的机会。

在印刷的时候，Co-op 成员在讨论与韩国的建筑智能联盟讨论关于基于这本书的课程计划，在年度建筑智能韩国论坛上发给 200 人。

"大 BIM 小 bim"是 Co-op 的 BIM 教育介绍，国际研讨会的调度挑战被解决。

评论

Terry Mackprang——TEMAK 建设

"代表科拉松社区，我想谢谢你创造了美国历史性的项目（LA BIMStorm™）。你的团队已经超过了你的想象。"

UlisesAraujo——IRWIN-PANCAKE 建筑师

"这个（LA BIMStorm™）专家研讨会议一直是一个历史性的时刻！总体规划永远不会是相同的。"

Jim Balow——查尔斯顿报

"BIM 专家菲尼斯·杰尼根把他听到的想法引入到查尔斯顿的 Google Earth 中，一个 8 层住宅就出现在电脑屏幕上。"

"同一天在另一个网站上，建筑师和 BIM 大师菲尼斯·杰尼根开始使用查尔斯顿市中心的 Google Earth 的图像。他一下就在河边区域造了些新房子。"

效益

教育对每个人来说都是好的。

流程

用幽默来缓解恐惧使改进行为成为可能。从那些乐于改进行为的人手中收集知识。使用收集的可视化数据提高教育效率。重复……

第 17 章

总结

使用一个集成化的流程，你有能力超越传统建筑的范围创造新的扩展服务水平。建筑师使用的现在被称为 BIM 的技术，自 20 世纪 80 年代末开始在项目中使用。成功的例子不胜枚举。

现在你读过本书，可能会改变你的观念开阔你的眼界。你有一个愿望，用一个集成化的实践重塑你的公司。你认识到集成化实践可以给你带来竞争优势。甚至，你可能已经开始构建自己的集成化实践商业案例。

你是积极的。你有一个计划。

你工作谨慎。你关心谁将带领组织的变化。你担心你的企业文化将抵制变化——因为你重塑组织并用你的常规方法做项目。

如果你不知道从哪里开始，局外人可以指导你完成这个过程。

一些组织已经发现，引入外部专家培训其员工，有助于克服困难及化解内部矛盾。有时一个顾问可以提升供应商和以应用程序为中心的技术人员。有时候需要局外人告诉你事实，你应该相信他们。有时你无法看到大局，因为你沉浸在日常问题中。

你开始这个过程时，我们可以提供援助和支持。我们的这些服务最适合你的需要。我们帮助你清楚地理解并面对业务的挑战和机遇。我们帮助你找到解决方案，它具有独特的价值和专业知识。我们教你用正确的工具来识别和创造可持续的过程，创造今天和明天的价值。

我们所能提供的支持总体上包括：

改变评价

混乱和不确定性围绕 BIM 和集成化实践，使得一些组织不知所措。理解你准备集成化实践的水平。我们帮助你评估员工的意识。我们作识别并利用机遇和挑战。集成化实践取决于你员工的参与，他们要愿意适应变化。我们教你如何领导改变。

301 规划

理解和规划变化，这种变化将是你事业成功的关键。定义集成化实践的业务目标。认真思考集成化实践，理解你目前的能力。

我们支持你发展战略计划和集成 BIM 的业务。

我们协助你发展你的项目程序，以提高生产率和效率。集成化实践侧重于使用信息来更好的支持你的客户。

我们探讨你的客户将如何获得变化带来的价值。

我们指导你发展你个人的方法来销售过程。

策略和实施方案

讨论集成化实践不能纸上谈兵。你的客户不会为你谈论的过程付钱。采取行动来获得利益。我们教你执行你的计划。我们可以填补你开发资源的空白，但这不是我们的目标。我们的目标是为你建立你的优势，成为最优秀、最聪明的人。

我们帮助你把新技能运用于项目。我们帮助你和你的团队培训和发展。我们帮助你识别和评估新的工具和流程。让有效的集成化实践成为你工作的方式。我们将帮助你专注于改变。

我的信念

- 我相信 BIM 是不完整的。
- 我相信如今我们有能力提供 BIM。
- 我相信 BIM 需要人工干预。
- 我认为我们应该帮助他人理解 BIM。
- 我认为我们不能等待别人来为我们解决 BIM 问题。
- 我相信 BIM 能减少错误，创造更好的结果和更少的风险。

- 我相信远见卓识和建立长期关系。

- 我相信诚实、开放和值得信赖的人。

- 我相信定义成功和设置适当的期望。

- 我相信分享风险和承担责任

- 我相信分享信息、想法和事实。

- 我相信每个工作都有最佳工具。

- 我相信有些事情会发生。

- 我相信消除主观性。

- 我相信终身学习。

- 我相信那些没有见过光明的人会苏醒。

- 我相信标准至关重要，但他们无法让我们平静下来。

- 我相信早期决策能改善结果。

- 我相信每个人都可以学习和接受改变。

- 我相信所有学科专业都不够重视科技。

- 我相信建筑业是低效的并且浪费资源。

- 我相信我们有工具和智慧来解决任何问题。

- 我相信我们可以减少或消除不确定性和浪费。

- 我相信我们可以产生让客户满意的更好的建筑。

——笔者

超越信息模型

303

正如作者 Robert Byrne 所说，"一切事物都在摇摆不定的状态，包括维持现状。"我们生活和工作在一个信息丰富的世界里，信息的速度和数量在挑战我们的能力。我们需要做得更多更好。

本书展示了我们在大西洋设计公司应对这些挑战的方法。将 BIM 集成到你的工作流程中，很多微小的变化会有很大的影响。本书的目标是明确的指引集成化实践。

你可能发现，许多概念你都熟悉。这本书描述了建筑信息建模。它列举 BIM 如何改变了我们的设计方法。你需要为了成功而留意细节变化的微妙之处。本书提供的信息需要把 BIM 融入你的工作方式。

许多人坚信，集成化实践和 BIM 可以让你成为一个更好的设计师。通过集成技术，你可以利用你的知识和经验来集中精力于你的强项——设计和解决问题。本书介绍的详细方法不用从头开始学起。

资源是有限的，你需要更有效地使用它们。今天的技术使你能够做出更好的决策和更多的信息。它可以让你更好地支持你的客户。使用集成化实践方法和建筑信息建模是成为一个21世纪建筑师的最佳路径。

当你开始你的旅程并迎接挑战时，我祝你"一帆风顺"。

——笔者

附　录

参考文献

推荐阅读以下书籍获得更多的信息：

Alexander, Christopher et al. A Patten Language. NY: Oxford University Press, 1977, ISBN 0-19-501919-9.

Caudill, William Wayne. Architecture by Team. NY: Van Nost Reinhold, 1971.

Cotts, David and Lee, Michael. The Facility Management Handbook. American Management Association, NY, 1992, ISBN 0-8144-0117-1.

Dettmer, H. William. Goldratt's Theory of Constraints: A Systems Approach to Continuous Improvement. NY: Asq Quality Press, 1997.

Duran, Rick. Understanding and Utilizing Building Information Modeling (BIM). NY: Lorman Education Services, 2006.

Chuck Eastman, Paul Teicholz, Rafael Sacks, Kathleen Liston. BIM Handbook: A Guide to Building Information Modeling for Owners, Managers, Designers, Engineers and Contractors. NJ: Wiley, 2008. ISBN 0470185287.

Elvin, George. Integrated Practice in Architecture: Mastering Design-Build, Fast-Track, and Building Information Modeling. Hoboken, NJ: Wiley, 2007.

Feldmann, Clarence G. The Practical Guide to Business Process Reengineering Using IDEF0. NY: Dorset House, 1998, ISBN 0-932633-37-4.

Forsberg, Kevin; Mooz, Hal, and Cotterman, Howard. Visualizing Project Management: Models and Frameworks for Mastering Complex Systems. Hoboken, NJ: John Wiley & Son, 2005.

Friedman, Thomas L. The World is Flat: A brief history of the twenty-first century. NY: Farrar, Straus and Giroux, 2005, ISBN 978-0-374-29279-9.

Fuller, R. Buckminster. Operating Manual for Spaceship Earth. Carbondale, IL: Southern Illinois University Press, 1969, ISBN 671-78902-3, Lib of Congress 69-15323.

Fuller, R. Buckminster. Intuition: Metaphysical Mosaic. Garden City, NY: Anchor Press/Doubleday, 1973, ISBN 0-385-01244-6, Lib of Congress 72-182837.

Fuller, R. Buckminster. Buckminster Fuller: Anthology for the New Millennium. NY: St. Martin's Press, 2001.

Fuller, R. Buckminster. Critical Path, NY: St. Martin's Griffin, 1982.

Gallaher, Michael P.; O'Connor, Alan C.; Dettbarn, John L. Jr.; and Gilday, Linda T. Cost Analysis of Inadequate Interoperability in the U.S. Capital Facilities Industry. U.S. Department of Commerce Technology Administration, National Institute of Standards and Technology, Advanced Technology Program Information Technology and Electronics Office, Gaithersburg, MD 20899, August 2004, NIST GCR 04-867, Under Contract SB1341-02-C-0066.

Gladwell, Malcolm. The Tipping Point: How Little Things Can Make a Difference. NY: Back Bay Books, 2000, ISBN 978-0-316-31696-5.

Goldratt, Eliyahu M. What is this thing called Theory of Constraints and how should it be implemented. Toronto, North River Press, 1990, ISBN 0-88427-166-8.

Hatch, Alden, Buckminster Fuller, At Home in the Universe. NY: Crown Publishers Inc, 1974, Lib of Congress 73-91509.

Heery, George T. Time, Cost and Architecture. NY: Mcgraw-Hill, 1975, ISBN 0-07-027815-6.

Hino, Satoshi, and Jeffrey K. (Fwd) Liker. Inside the Mind of Toyota: Management Principles for Enduring Growth. Portland: Productivity Press, 2005.

Koch, Richard. The 80/20 Principle: The Art of Achieving More with Less. NY: Bantam, 1998.

Kunz, John and Gilligan, Brian. 2007 Value from VDC / BIM Use survey, Center for Integrated Facility Engineering (CIFE) at Stanford University, 2007.

IfcWiki-open portal for information about Industry Foundation Classes (IFC), List of certified software, http://www.ifcwiki.org/ifcwiki/index.php/IFC_Certified_Software and Free tools that support IFC, http://www.ifcwiki.org/ifcwiki/index.php/Free_Software.

Jantsch, John. Duct Tape Marketing, Thomas Nelson Inc. Nashville, TN: 2006, ISBN 978-0-7852-2100-5.

Jossey-Bass. Business Leadership: a Jossey-Bass reader, Jossey-Bass, San Francisco, CA, 2003, ISBN 0-7879-6441-7.

Kieran, Stephen, and James Timberlake. Refabricating Architecture: How Manufacturing Methodologies are Poised to Transform Building Construction. New York: McGraw-Hill Professional, 2003.

Kotter. John P. Leading Change, Boston: Harvard Business School Press, 1996, ISBN 0-87584-747-1.

Eddy Krygiel, Brad Nies. Green BIM: Successful Sustainable Design with Building Information Modeling. NJ: Wiley, 2008. ISBN 0470239603.

Kymmell, Willem. Building Information Modeling (BIM). New York: McGraw-Hill Professional, 2007.

Barry B. LePatner. Broken Buildings, Busted Budgets: How to Fix America's Trillion-Dollar Construction Industry. University of Chicago Press, 2007. ISBN 0226472671 by Liker, Jeffrey K., and James M. Morgan. The Toyota Product Development System: Integrating People, Process and Technology. Portland: Productivity Press, 2006.

Liker, Jeffrey. The Toyota Way, McGraw-Hill, NY, 2004, ISBN 0-07-139231-9.

McKenzie, Ronald and Schoumacher, Bruce. Successful Business Plans for Architects, McGraw Hill, NY, 1992, ISBN 0-07-045654-2.

Nisbett, Richard E. and Ross, Lee. The Person and the Situation. Philadelphia: Temple University Press, 1991.

Rogers, Everett. Diffusion of Innovations. NY: New York Free Press, 1995.

Roundtable. The Construction Users, WP 1202 Collaboration, Integrated Information and the Project Life Cycle in Building Design, Construction and Operation, pub Aug 2004 and WP 1003 Construction Strategy: Optimizing the Construction Process, pub 2005, 4100 Executive Park Drive Cincinnati, OH

Toffler, Alvin. The Futurists, NY: Random House, 1972, ISBN 0-394-31713-0, Lib of Congress 70-39770.

Toffler, Alvin. The Eco-Spasm Report. NY: Bantam Books, Feb 1975.

Toffler, Alvin. Future Shock. NY: Bantam Books, 1970.

Toffler, Alvin. The Third Wave. NY: Bantam, 1984.

推荐网站

推荐浏览以下网站获得更多的信息：

usa.autodesk.com/adsk/servlet/home?siteID=123112&id=129446

www10.aeccafe.com/nbc/articles/index.php?section=CorpNews&articleid=4
1399

www.4sitesystems.org

www.aia.org/tap_a_0903bim

www.arch-street.com/

www.BIMeducation.com

www.blis-project.org/

www.cadence.advanstar.com/2003/0803/coverstory0803a.html

www.dbia.org

www.designatlantic.com

www.eere.energy.gov/buildings/energyplus/

www.fiatech.org

www.gdlalliance.com/

www.graphisoft.com/

www.graphisoftus.com/casestudies/Design Atlantic.pdf

www.graphisoft.com/community/success_stories/design_atlantic.html

www.nibs.org

www.onuma.com

www.sketchup.com/

www.stanford.edu/group/CIFE/

www.triglyph.org/

www.wbdg.org/design/bim.php

www.iai-na.org/bsmart/

    buildingSMART Alliance. National Institute of Building Sciences, Washington, D.C., 202-289-7800,

usa.autodesk.com

    Revit Architecture, Autodesk, Inc., San Rafael, California, 800-578-3375

www.graphisoft.com/products/

    ArchiCad, Graphisoft U.S., Inc. Newton, Massachusetts, 617-485-4203

www.bentley.com/en-us/products/

    Microstation product line, Bentley Systems, Inc., Exton, Pennsylvania, 800-236-8539,

www.iesve.com

    Virtual Environment, IES Limited, Cambridge, MA, 617-621-1689

www.greenbuildingstudio.com

    Green Building Studio, Santa Rosa, CA, 707-569-7373,

www.eere.energy.gov/buildings/energyplus/

    EnergyPlus simulation software, Office of Energy Efficiency and Renewable Energy, U.S. Department of Energy, Washington, DC, 877-337-3463

www.squ1.com/products/

    EcoTect (and the Weather Tool and the Solar Tool), Square One, Ltd, Joondalup, Australia, 347-408-0704

工具包

电脑无处不在。互联网几乎触及我们所做的一切。它们的变化如此之快，即使是集中精力也不能总是让你走在前列。集成化实践需要你成为一个技术的聚合器。我们的软件工具包，网站和流程如下：

Computers are everywhere. The Internet touches nearly everything we do. Both change so rapidly that even a focused effort cannot always keep you at the forefront. Integrated practice requires you to become an aggregator of technology. Our toolkit of software, Web sites, and processes includes the following:

Web-based project management—business—relationship—product—project—workflow management hub

Basecamp, Backpack, Campfire—http://basecamphq.com/?referrer=designatlantic

Digital Office

Portfolio Prime Practice Management Tools—http://www.arch-street.com

Virtual Building Technology

ArchiCad—http://www.graphisoftus.com

Onuma Planning System—http://www.onuma.com

Information and Idea Organization

MindManager Pro—http://www.mindjet.com/us

Conceptualization/sketch

ArchiCad - MSVisio—Google SketchUp

Georeferencing/mapping

Google Earth—GeoTagger—GPSPhotoLinker—Quantum GiS

Graphics

Adobe Illustrator—Adobe Photoshop—iMovie—iDVD—iPhoto—Yepp

Compositing/press

Adobe InDesign – Quark XPress - Apple Pages - Adobe Acrobat Professional

Office Applications

MSWord—MSExcel—MSVisio—MSOneNote—MSPowerPoint—Keynote
- SOHO Notes

Communications

Vyew—Vonage—Skype—Campfire—freeconferencecall.com—Adium

Scheduling

MSProject - SharedPlan - Basecamp

Cost Estimating

RSMeans – D4Cost

Facilities Management

ArchiFM—Business Objects Crystal Reports

Database

FileMaker Pro – MSSQL—MySQL—OpenBase—Oracle—MSAccess

Specifications

MasterSpec

Wiki and blog

Tiddlywiki—WordPress

商标和来源

37 Signals Basecamp, Backpack, Campfire, Highrise—Portfolio Digital Practice Tools—Graphisoft ArchiCad 9, 10 & 11—Mindjet MindManager—Google SketchUp—Google Earth—GeoTagger—GPSPhotoLinker—Quantum GiS—Adobe Illustrator—Photoshop—iMovie—iDVD—iPhoto—Yepp—Adobe InDesign—Quark Xpress—Pages—Microsoft Word—Excel—Visio—OneNote—PowerPoint—Keynote—SOHO Notes—Vyew—Vonage—Skype—freeconferencecall.com—Adium—MSProject—SharedPlan—RS-Means—D4Cost—FW Dodge—ArchiFM 9—Crystal Reports - Business Objects—FileMaker Pro—MSSQL—MySQL—OpenBase—Oracle—MasterSpec—Joomla—Tiddlywiki—WordPress—Autodesk AutoCAD & Revit—Bentley Architecture—BIMStorm—OPS—Onuma Planning System—BIM Education Co-op

术语和定义

2D—类似于绘画或草稿。相当于建筑师的文字处理。二维计算机绘图主要处理几何实体（点、线、面等）。图纸、施工文件和任何输出内容都是画在 2D 的纸上。

3D—类似于雕塑。电脑出现之前，建筑师手工构建视角和物理（用纸板、泡沫塑料板、木材制作）模型代表一个项目的设计概念。今天电脑自动将概念可视化。这些 3 D 图形可以输出到快速原型系统来创建物理模型。3D 计算机制图依靠与 2D 计算机制图相似的程序。

3.5D—加入了有限对象技术（最初级的智能对象，而不是集成 NCS 或行列 IFCS）的 3 D，或者是隐含运动（Ken Burns 效果，风吹树木，人物移动等）的 3 D。无论怎样，这绝对不是 BIM。

4D—包含时间的建筑信息模型（支持进度控制的虚拟建筑模型）。

5D—建筑信息模型随着时间的推移添加建设信息（虚拟建筑模型加入成本和项目管理）。

AecXM—建筑 / 工程 / 施工导向可扩展标记语言。BIM 使用的代表信息是以利益为导向的数据结构。

Agency Construction Management—代理施工管理。交付过程中施工专业组织为业主提供支持，在项目的各个阶段维护业主的利益。业主在施工经理的协助下保持独立的设计和施工过程。

Beyond Information Models—超越信息模型。使用目前可用的技术，结合业务管理技术 来有效和经济的实现集成化实践的业绩。除了信息模型，公司还要改变他们的工作方式，方法和行为，以更好地支持他们的客户。他们践行"从小做起"的方针，实现重大改进。

BIMStorm™—ONUMA BIMStorm™ 是一种使用开放标准的实时同步网络服务项目软件。

1. 正式的解释为：这是一种通过实时功能进行在线设计，建立在开放标准之上的基于网络的 BIM 软件。2. 非正式的解释为：这是一种使用实时的新方法解决问题，建立在开放标准之上的基于网络的 BIM 软件。3. 这是第一个集成了 BIM 数据与智能绘图功能的软件。4. 这是第一个有效的 BIM 模型服务器，它允许人们在没有技术经验的情况下"获得"专业知识并用于降低建筑成本。5. 它提供的服务是使用实时的、协作的、基于网络的 BIM 软件提高生产力和盈利能力。

Building Information Model—建筑信息模型。1. 管理项目信息，包括数据创建和数据交换的过程，通过建筑环境价值网络：BIM 能在正确的时间给正确的人提供正确的信息。BIM 增加项目数据的智能化，允许正确使用数据，减少人为错误和不确定性。2. 创建或使用档案描述：图形、图纸、技术规范、时间表和其他数据。任何一个地方发生更改都要流经整个系统。3. 代表物理和功能特性的一个数字化资产信息的可靠的档案，从概念开始：不遵守国家 CAD 标准和行业基础分类，因为他们是专有的。不是可互操作的就不是 BIM。

318　　**buildingSMART alliance™—**是国际互用性联盟中的一个组织。它的使命是促进协作、技术、集成化实践和开放标准，以此来提升设备和基础设施在生命周期中各个方面的表现。

CAD Object CAD 对象：这些对象由静态的符号和 3 D 图形表示（很少或没有智能技术）。这些对象是"基于实例"，即每次使用都需要根据具体情况建立一个新的"实例"对象。这种方法需要一个重要的对象库（即一个对象用于每个窗口的大小，另一个用于每个类型的窗口，另一个用于每个窗口细节）。这种方法导致需要大量的空间用于存储重复的和无关的信息。

Construction Management—施工管理。建设顾问提供设计和施工建议。业主保留单独的设计和施工服务。

Construction Management at risk—施工风险管理。在大多数情况下，在交付过程中保证项目最大价格（GMP）。在项目早期阶段，施工经理充当业主的顾问，相当于施工阶段的一个总承包商。

CPTED—通过环境设计预防犯罪。可能称其为"通过环境设计威慑犯罪"更好。这是一个涉及多个学科的方法，利用环境的影响避免犯罪行为的发生。

Design/Bid/Build—设计 / 投标 / 建造。设计和施工分别交给不同的单位负责。在今天的环境中，这被认为是获取设计和施工服务的"传统"方法。

Design/Build—设计 / 建造。设计和施工由一个单位负责。

319　　**GDL—几何描述语言**。可为规划智能对象编写脚本语言，只使用一小部分其他建模对象的内存。GDL 对象可以存储 3 D 信息（几何、外观、表面、材料、数量、结构等），二维信息（计划表现、最小空间需求、标签等），属性信息（序列号、价格、经销商信息、网址和任何其他类型的数据库信息）。同一对象的多个实例，不同的外观、材料、尺寸等保存在一个对象中。GDL 非常重要，因为互联网的出现为建筑行业提供了最好的交流平台。

Georeference—**地理参考**。是指通过坐标系统准确定位在虚拟世界的东西。通过建立坐标系建立建筑的地理参考，这样他们可以快速查找合适的地点和时间。纬度、经度和海拔是三个可能引用位置的坐标系统。地理参考可以深入研究真实环境中的关系，原因和影响。

IAI—**互操作性国际联盟**。国际标准组织（ISO）的子团体，负责开发标准规范软件。

IDM—**信息交付手册**是建筑过程的绘图文档，是识别结果和描述行动所需的内部过程。

IFCs—**工业基础等级**。IFCs 定义"东西"如结构、门、墙和风扇（以及抽象概念，如空间、组织、信息交流和过程）应该被描述，以便不同的软件包可以使用相同的信息。

Integrated Practice—**集成化实践**。通过早期知识的贡献和利用新技术，允许建筑师意识 320
到自己是有最高潜力的设计师，合作者在整个项目生命周期扩大其提供的价值。

Integration—**集成化**。引入工作方式、方法和行为，建立一种企业文化，在这种文化中个人和组织能够快速、有效地一起工作。

Intelligent Object—**智能对象**。这些建筑组件可以表现得聪明，他们可以适应不断变化的条件。通过一个接口，用户可以轻松地定制它们。这些对象"基于规则"，他们把规则定义的对象去如何适应其他对象，数据库调用，用户输入参数。因为"规则基础"，每个对象都可以代表一个实体的一个完整的子集。一个窗口对象可以表示一个制造商的整个窗口，可以生成所有的 2D、3D 细节，完成形状和配置文件。这导致需要的存储空间显著减少，相当于信息和结果保存在非常小的文件中。

Model Server—**模型服务器**。模型服务器允许集中存储 IFC 的信息模型，允许他们通过互联网访问和修改。模型服务器是长期管理建筑信息的一个关键元素，它在建筑的生命周期中不断添加。基于 IFC 的模型服务器是一个虚拟的建筑档案，可能是未来 BIM 最具创新性的技术方法。

Multi–file approach—**多文件方法**。多文件系统使用松散的图纸集合，每个代表一个完整模型的一部分。这些图纸通过各种连接机制来生成额外的视图，报告和时间表。包括这种松散的复杂的图纸管理和用户的操纵超出文件管理能力而出错的问题。

NBIMS—**国家 BIM 标准**。AIA，CSI 和 NIBS 合作开发的 BIM 标准。国家 CAD 标准将成 321
为国家 BIM 标准的一个子集。

NCS—**国家 CAD 标准**。通过 CAD 系统，AIA，CSI 和 NIBS 合作开发图形标准信息。

NIBS—**国家建筑科学研究所**。该组织支持美国的 NCS 和 IAI。

Object Oriented—**以对象为导向**。电脑程序可能被视为作用于对方的一个项目（对象）集合。每个对象可以接收信息、处理数据和发送消息到其他对象。对象可以被视为独立的、担任不同的角色和责任的小机器或演员。

Parametric—**参数化**。反映现实世界行为和属性的对象。参数化模型能反映组件之间的特点和相互的作用。保持模型元素之间的一致关系是因为模型是可操作的。例如建立一个参数模型，如果改变了屋顶的倾斜角度，墙壁会自动按照屋顶做出修改。

Prototype—**原型**。在实际执行前的一个用于测试设计概念，影响，创意的工作模型。它是设计系统过程的主要部分可以减少风险和成本。它可以逐步开发，每个新原型是解决之前原型的不足，改进设计或增加理解。当原型开发水平满足项目目标就可以准备施工。

322 **Single model approach—单一模型方法**。围绕着一个单一的、逻辑的、一致的与建筑相关的所有信息的数据库。建筑设计是在一个虚拟建筑中捕捉一切有价值的信息。从这个数据库中，可以提取所有项目的可视化、分析和管理信息。

Value network—**价值网络**。价值网络增加了一个额外的层面，价值链的概念。价值网络代表了今天的组织和环境的复杂性、协作性和相互关系。价值链是线性的，价值网络是 3D 的。

Writeboard—**写字板**。基于网络的文本开发系统，允许编辑、版本控制和交换对比。

术语和定义的来源包括：维基百科，技术供应商，美国国家标准技术研究所，美国国家 BIM 标准等。

作者简介

菲尼斯·E·杰尼根（Finith E. Jernigan），美国建筑师学会会员，出生于得克萨斯州，成长在英格兰、科罗拉多和德国，现在住在马里兰。他是国际公认的建筑师、教育家、作家和出版商。他是集成化实践和 BIM 技术方面的专家，他提出的使用 BIM 工具和 Google Earth™ 省钱和赚钱的新方式已经得到了媒体和教学专业人员的认同。

他创造的 4SiteSystems™ 为客户提供以信息为中心的建筑设计、管理和规划服务。清晰地定义每个步骤，以确保整个团队协同工作尽可能有效和高效地完成项目。这个工作流程定义了工作方式、方法和行为。

杰尼根是大西洋设计有限公司的董事长，这是第一个集成建筑规划和管理的公司。他使用经过验证的系统和技术，以新的方式帮助建筑师、工程师、业主、建筑商和其他设计专业人士转向更加可持续和一体化的世界。他教会大家如何使用一个更加集成化的实践模式、简化流程、提高项目可视化，从而达到更好的设计、施工结果。

业主是第一个理解和支持集成化过程并从中收益的群体。他们可以很容易地看到并理解这一过程。通过这一过程，他们将会在得到更好项目的同时减少遇到的问题。

"在北美，建筑智能联盟正在研究大 BIM 的问题，我相信这是一个非常有价值的领域，它会显著转变我们做生意的方式。菲尼斯指出了'这个行业是一个伟大的服务'这一理念。我衷心地推荐你阅读这本书。"

——Dana K. Smith，美国建筑师学会资深会员，被称为美国国家 CAD 标准之父，目前是 buildingSMART 的执行董事。他致力于建立一个 BIM 标准，以帮助改善 BIM 工具集的使用。

"作者建立了一个 20 人的团队进行建筑基础实践，然后从客户的角度出发完成此书。我将会把本书推荐给我所有的客户。虽然本书给人的第一印象是为设计顾问服务的，但是它对设施经理和其他客户也将是特别有用的。"

——Gerald Davis，国际财务管理协会会员，美国试验与材料协会会员，美国建筑师学会会员，CFM 董事长，国际设施中心。

"《大 BIM 小 bim》是一本难得的好书——在这个充满巨大变化和建筑进步的时代中，本书在成功指引设计建造的基础上为你提供深思熟虑的创意。本书向我们展示了如何更有效地管理项目和客户同时把建筑过程的约束最小化。"

——W. Frank Brady，项目经理

"我们得到了一个出色的交易。设计是完美的。"

——Dean Dashiell，施工负责人